U0164264

【同理表徵論初探】

陳友凱　著

匯智出版

目錄

引言

精神病理學研究的是人類的非常態經歷。過去一百年，不同精神病理學家已經為精神病理學理論打下良好的基礎，但仍有不少不足之處，其中之一涉及研究方法的問題。

傳統的精神病理學家採用的研究方法，是透過評分量表和科學數據，以掌握大腦的異常現象；但非常態經歷不僅是生理現象，更涉及個體的主觀經歷，並非科學的客觀數據所能全面反映。

「同理表徵論」相信，唯有掌握病者的主觀經歷，才能進入病者的主觀世界，了解病者非常態經歷的意義。「同理表徵論」指出，每個人的主觀經歷都是獨特的；唯有從病者的主觀經歷出發，並整合不同學問系統，才能掌握非常態經歷的本質。

著名的精神病理學家雅士培（Karl Jasper）在他的經典著作《一般精神病理學》（General Psychopathology, 1913|1963），利用現象學方法，對非常態經歷進行了深入的探索。「同理表徵論」建基於雅士培的「描述性精神病理學」的理論，但結合了其他學問系統及其精神病理學相關的知識，其中包括語意學、認知科學、進化生物學、資訊科學和人文學科。我們抽取了這些學問系統中「有用的概念」，並把這些概念融合到精神病理學中。

怎樣才算「有用的概念」呢？我們採用下列數個基本原則作出判斷：（1）這些概念是否能回應從前未能觀察和捕捉的現象？（2）這些概念是否能以更精簡的方式解釋現象？（3）這些概念是否能針對不同觀點作出整合，並達致一致的理論？（4）這些概念是否能提升理論的預測能力？「同理表徵論」基於上述幾個原則，甄選不同學問系統的關鍵概念，為讀者建構一個完備的精神病理學框架。

雖然我們尋求理論的創新，但仍保存了「精神病理學」一詞。「精神病理學」一詞源自傳統醫學；在傳統醫學中，「病理學」（pathology）是指細胞的病變。而「精神病理學」的「病理學」，則涉及精神病徵的描述；為延續精神病學的研究傳統，本書仍沿用「精神病理學」一詞，但賦予這詞更為豐富的意義。

「同理表徵論」涉及兩個核心概念，分別是「內心表徵」與「同理心」。「內心表徵」是大腦與外在世界的連繫橋樑，當「內心表徵」操作失衡，會引致各種精神病變。而「同理心」則是指將他人的內心狀態，成為自己關注的焦點；同時，嘗試代入他人的內心世界中，且容讓他人的內心世界，給自己的內心世界帶來改變。

以下是本書各章的主題：在第一章，我們會檢視臨床對話的步驟和技巧，分析如何透過臨床對話，收集具質素的精神病理學資訊。在第二章，我們會探討主觀經歷的本質，並指出主觀經歷是精神病理學的知識基礎。在第三章，我們會討論如何從第一身角度，了解病者的主觀經歷。在第四章，我們會探討主觀經歷與他人的關係、主觀經歷與時間的關係等。在第五章，我們會討論主觀經歷的塑造過程，病者如何透過與生活界面建立互動，創造自己的主觀經歷。在第六章，我們會分析「同理心」的本質，並討論如何透過「同理心」和同理對話，澄清病者的主觀經歷。在第七章，我們會分析「內心表徵」的類別，並剖析不同表徵所發揮的功能。在第八章，我們會從生物發展角度，探討大腦突觸修剪過程，如何引致表徵失衡，以及精神病的形成。在第九章，我們會從資訊科學的角度，進一步剖析表徵失衡與精神病的關係。在第十章，我們總結各章的重點，為精神病理學建立一個全新的分類系統，稱為「同理表徵論」。

坊間有不少針對精神病徵進行描述的著作，「同理表徵論」獨特之處，是重新檢視精神病理學的既有框架，同時為精神病理學與其他學問建立整合模型，以深化讀者對非常態經歷的理解。

1

從精神醫學的臨床對話出發

精神病理學的評估，是透過一個對話過程進行的。醫者透過與病者展開對話，理解病者的主觀經歷。醫者藉着掌握事件發生的情景脈絡，並運用他的同理心，整全地存取病者的主觀經歷。這個看似簡單的過程，牽涉的卻是一種複雜的學問。在本書中，我們首先以臨床對話的過程及技巧作為起步點，接着延伸至與自然科學和人文科學相關的知識領域；藉着這些學問，我們可以對各種常態和非常態經歷有深刻的了解。

一般人的思考模式，是傾向於同一時間掌握「初始經歷」（primary experiences）及第二層的詮釋，現象學家卻告訴我們，在澄清主觀經歷的過程中，我們須將兩者分開。臨床對話開始時，醫者會遵從現象學家強調的「懸置判斷」（suspension of judgement）原則（Husserl, 1913, 1921|1970, 1913|1931, 1936|1954; Jasper, 1913|1963），盡量避免受我們擁有的知識所影響，要保持中立和客觀態度，嘗試勾畫病者的主觀經歷。經過現象學的觀察過程，才將各種知識套用到臨床對話的分析中。

要實踐這種現象學的觀察方法，我們需要集中精神聆聽病者所說的每一句話，並反覆練習，才能擺脱上述心理習慣。這種觀察方法，可以稱為「無色精神病理學」。讓我們參考一下遠古中國的陶瓷發展史，便會明白「無色」的重要性。歷史學家發現，最原始的釉料不是透明或白色的，而是由自然礦物組成的綠釉。這些綠釉大約出現於公元前 100 年，經過 400 至 500 年的發展與改良，到了第六世紀才提煉出透明釉，並製造出隋唐精美的白瓷。

我們引述這段釉上彩的技術發展史，為的是表明在陶瓷表面套上沒有顏色的外層，這往往比套上自然顏色的釉需要更多技巧和功夫；按照同一道理，要實踐「無色精神病理學」，需要醫者花很多功夫，才能擺脱第二層詮釋，以貼近病者的核心經歷，達致淨化和透明的觀察境界。

1.1 臨床對話的基本元素

一個完善的臨床對話涵蓋下列四個基本元素：

（1）病理澄清

醫者就着病者的非常態經歷，進行詳細的「病理澄清」，當中包括對初始經歷、情境脈絡及病情發展的澄清。

（2）行為觀察

行為觀察是指醫者客觀地觀察病者的行為，其中包括病者的參與、在臨床對話中病者展現的「臨床徵狀」（clinical signs）。

（3）視病者為一個「發展中的人」

病者不是一些「臨床徵狀」，而是一個活生生的「發展中的人」，醫生會針對病者的「生活世界」（Lifeworld）進行探索，其中包括病者的人生路徑、他如何與「生活世界」的不同元素互動。

(4) 與病者建立治療關係

在臨床對話中，與病者建立真誠的「治療關係」十分重要，有助推動治療的進程（Shea, 1998）。

1.2 臨床對話的禮儀

「禮儀」是人與人約定俗成的一套準則，進行禮儀時，大家都會跟隨同一套規矩參與活動。臨床對話是醫者與病者一次獨特的相遇，在一小時的面談中，醫者會針對病者的經歷作出澄清。要在有限的時間蒐集與病者病情相關的資訊，需要有一定的規範。不少病者缺乏清晰的求助動機，一方面可能因為對自己面對的問題了解不足（Tait, et al., 2003; Marková, 2005），另一方面可能害怕被標籤，因此在臨床對話中欲言又止。

第一次接觸對於建立治療關係十分重要，醫者給病者的初步印象往往奠下治療關係的基石。醫者必須珍惜與病者的相遇，並運用他的臨床經驗和技巧，讓臨床過程變得順暢。如果醫者不懂珍惜與病者相遇的緣分，臨床對話便會變成一件苦差，並大大減低臨床對話的效能。

參與過日本茶道的人，都會體會到日本茶道十分重視禮儀。而中國茶道的最早實踐，可追溯至宋代。茶道在宋代的寺院非常盛行；僧侶坐禪時，會利用茶道喚醒身心。宋代古籍《禪苑清規》對茶禮有詳細記載，細緻描述以茶待客的禮儀。據《禪苑清規》記載，進行茶道時，茶碗的擺放方式會跟隨一些規則，透過這些規則建構一個體驗茶道的心靈空間。茶道其後傳進日本，日本的戰國時期是日本茶道的全盛時期，當時基督教的文化也傳進日本，日本的茶道吸收了基督教的文化符號，例如使用紫色的茶巾（仿效耶穌受難時穿著的紫袍）。

在日本茶道開始前，一般會跟從一些禮儀步驟，這些禮儀步驟可以幫助參加者進入茶道的心靈空間，其中包括：（1）參加者在進入茶會前，須進入主人預先打理好的庭園，這些庭園大多擁有葱翠的樹蔭、有用石頭鋪設的小徑、有簡樸的洗手池；（2）接着，客人會利用洗手池清洗雙手，這過程象徵內心的淨化；（3）客人會聚集在庭園，坐在精緻的椅子上，等待主人進行歡迎儀式；（4）其後，參加者會通過一道扉門，扉門象徵着離開日常煩囂的生活，進入淨化的心靈空間；（4）參加者彎腰低着頭穿過一道矮門，然後進入茶室，這儀式代表參與者必須以謙遜的態度，進入茶室的空間。

對日本茶道禮儀作出詳細描述，無非想表明要締造臨床對話的清靜空間，必須跟從一些儀式。在香港，病者的心情或多或少會受到忙碌的都市氣氛所影響，很多時無法安靜下來；因此，病者進入這片嚴肅的對話空間前，醫者宜透過一些儀式，引導病者進入臨床對話的空間。如果病者把煩囂的心情帶入這片對話空間，對話便會淪為閒談，病者於是不能為醫者提供高質的病理資料。

適當的臨床禮儀應包括：（1）為病者安排安靜的等候室，引導病者進入靜觀（mindfulness）的狀態；（2）會客室每一項擺設，都應締造放鬆和專注的氣氛；（3）面談的每一個步驟，無論是接待或登記，都應精心安排，讓病者感覺進入會客室後，應保持專注和嚴肅的態度。透過上述禮儀，病者便可以對臨床對話作出充分的心理準備，與醫者對話一刻，便可以進入專注的對話狀態。

1.3 面談室椅子的安排

圖 1.1 臨床對話的環境空間

臨床對話的環境佈置，對有效進行精神病理面談十分重要。環境佈局會影響參與者的心理狀況及參與程度，並對面談的質素產生影響。臨床面談的基本環境包括：（1）一間小房間；（2）兩張椅子（一張給病者，另一張給醫者）。兩張椅子的空間安排涉及角度與距離的學問，如果兩張椅子放得太遠，會妨礙醫者與病者的溝通，令雙方説話或聆聽時倍感吃力；如果兩張椅子放得太近，則會對病者構成心理壓力，病者於是會刻意增加心理距離，以作補償。所以，調準兩張椅子的方位十分重要，這有助建立臨床對話的適切空間。

除了椅子的距離，椅子的擺放位置亦十分重要。如果安排兩張椅子面對面，會在病者與醫者之間構成象徵性的對立，雙方於是會刻意作出迴避，以避免直接看到對方。有研究顯示，在日常的溝通中，參與者彼此的眼神交流通常只發生於「話輪轉換」（turn-taking）的一刻，眼神交流只佔溝通對話的一個很細小部分（Argyle, 1975）。當完成「話輪轉換」，參與者又會完全投入討論的內容，與對方的眼神交流亦會減少。面對面座位安排的弊端，是會對病者構成心理壓力，令病者與醫者的眼神交流變得刻意，並削弱醫者對病者的觀察敏感度。因此，理想的椅子排列方式，是讓病者不需要花太大力氣，便可以與醫者進行眼神交流，不需刻意避開眼神交流。此外，精神病況亦會對病者與醫者的眼神接觸構成干擾。眼神接觸是臨床對話中一個重要的臨床觀察指標。

除了適當的距離，在面談室，理想的椅子擺放是兩者介乎 90 至 180 度（參考圖 1.2）。在這種安排下，病者不需要花額外力氣，便可看見或不看見對方；這種擺放讓病者擁有更大的自由度，選擇與醫者進行或不進行眼神交流。相反地，將兩張椅子垂直擺放（參考圖 1.3），便會讓醫者與病者只是望向自己前方，這可以減低兩人的眼神接觸；但病者需要十分刻意，才能與醫者有眼神接觸。但這種椅子擺放，卻會增加病者與醫者的心理距離。上述椅子安排可發揮下列作用：（1）締造「若有所思」的氣氛，讓參與者發揮較大的想像空間；（2）對一些容易感到焦慮的病者，這種椅子安排較為合適；（3）當談到一些敏感話題時，這種椅子安排可減低壓迫感。

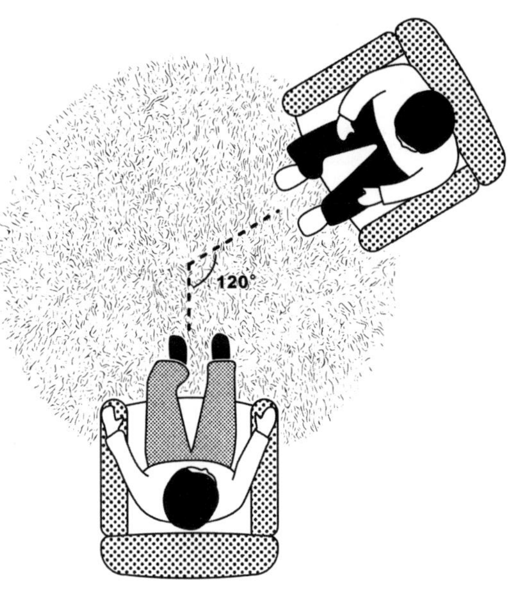

圖 1.2 介乎 90 至 180 度的椅子位置安排

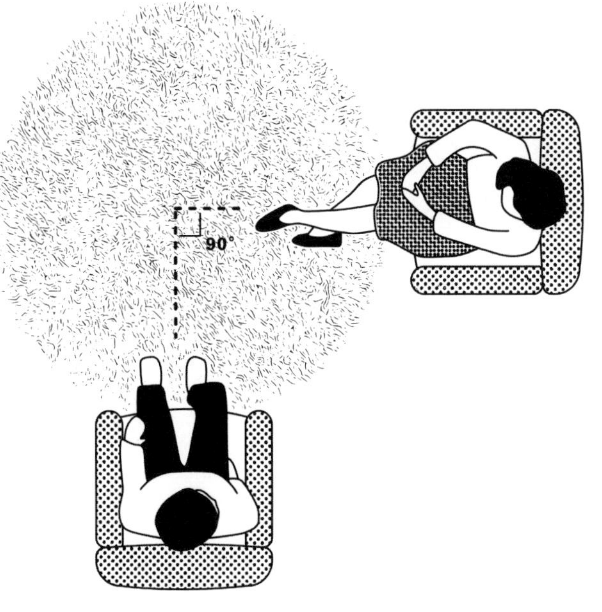

圖 1.3 垂直的椅子位置安排

1.4 面談室桌子的安排

至於桌子，它在面談室的擺放位置也會對醫者與病者的心理產生影響（參考圖 1.4）。沒擺放桌子的面談室，面談室的空間是對稱的；但擺放桌子之後，面談室的空間便會變得不對稱，醫者與病者便進入了一種「不對等」的關係。在這個「不對等」的空間，醫者可以大幅度看見病者，而病者只能小幅度看見醫者，於是構成了不平等的觀察者與被觀察者的關係。此外，桌子也是一道保護屏障，讓病者產生被保護的感覺。由此可見，桌子可以產生心理距離，也可發揮保護作用，視乎擺放合適與否。

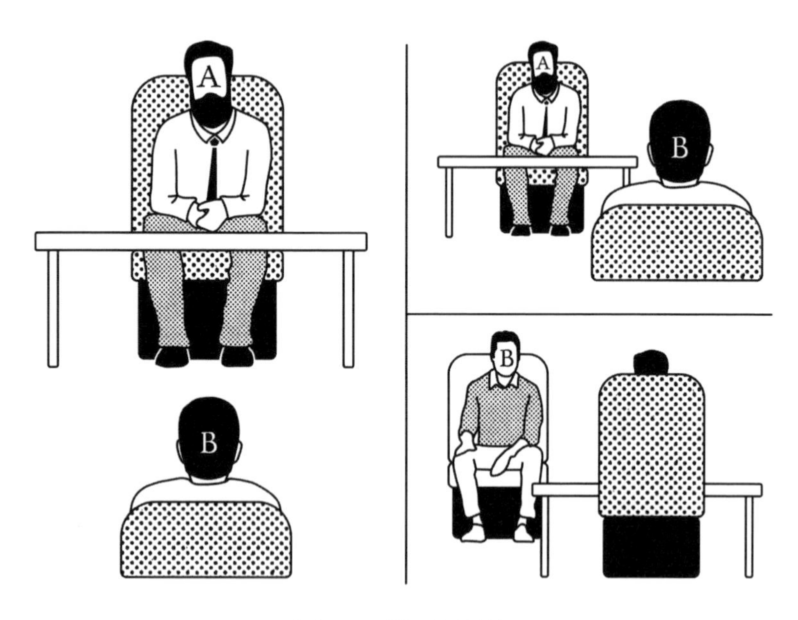

圖 1.4 桌子的位置

1.5 面談室的視覺環境

當一個人進入一個房間，這房間對那人便構成他的「視覺環境」。一般人並不會有意識地注視「視覺環境」細節，但對一個有精神障礙的病者來說，他「過濾注視力」（attentional filtering）的能力或會受到損害，病者於是不能聚焦於主要物件，反而留意房間中不太重要的東西。因此，在臨床對話開始前，醫者必須刻意視察面談室的視覺細節，要注意的細節包括：

（1）為病者預備一盒面紙巾

面紙巾是一個象徵符號，意味着面談中病者可能會流露強烈的情緒。如果桌上沒有放置一盒面紙巾，有些病者或會因為尷尬而選擇控制自己的強烈情緒，甚至避開一些牽引情緒的話題。桌面上放一盒面紙巾，是醫者對病者表達支持的專業態度；一盒面紙巾，象徵着醫者準備好與病者討論一些帶有強烈情緒的話題，亦暗示在面談過程中，病者可以隨意表達情緒，不用壓抑。

（2）留心醫者隨身的個人飾物

醫者的個人飾物，也是面談室視覺環境的一部分。醫者佩戴的隨身物品，例如首飾或手錶，對於一些比較敏感的病者，這些「個人物品」（habitus）往往是病者用作詮釋醫者價值觀的工具。透過觀察醫者佩戴的飾物，病者會揣測醫者的喜好和價值觀。不要輕看這些視覺細節發揮的作用，它將病者與醫者的連繫分為兩個組別：一個組別是病者與醫者表達的價值觀契合，另一組別是病者與醫者不能共享共同的價值觀；後者往往令病者對醫者有所保留，在臨床對話中不敢暢所欲言。因此，醫者宜留心身上的視覺細節，打扮盡量樸素，不宜吸引病者留意自己的個人飾物。

1.6 醫者的自我介紹

臨床對話的序幕是醫者的自我介紹，醫者在對話開始前，應清晰和簡單地介紹自己。此外，醫者也應向病者簡單介紹會面的地點與時間安排，也要談一談會面的規則，例如私隱與保密原則等。這些開場禮儀，對於病者對醫者的信任，以及建立病者對臨床對話的重視，尤為重要，亦為「專業人員與案主」的範式（schema）打下基礎。

臨床對話是一種專業會面，有別於朋友聚會或朋友間的非正式互動；臨床對話是針對某些與精神病理有關的敏感話題進行探索，因此臨床對話是嚴肅和受保護的會面。當然，一旦建立了專業會面關係，醫者也可以與病者進行輕鬆的交談，並締造友好的分享氣氛，這些元素對臨床對話能產生裨益。

1.7 作出安全承諾

臨床對話是一個盛載痛苦的空間，在這片空間，病者可以隨意與醫者談及苦難及一些敏感話題。臨床對話開始前，醫者可以向病者簡單介紹「安全承諾」（safe reassurance），醫者可以表明，在探討個人困擾的過程中，或許會觸及一些痛苦的經歷，或觸及一些病者不願透露的事情；如果病者感到不適，可以向醫者示意，醫者會尊重病者的意願，停止再作進一步的探討。「安全承諾」可以確保病者安心說出心底話，讓醫者與病者的關係變得更為真誠，對話更自由。

1.8 病歷的編寫

進行臨床對話時，醫者會一邊提出問題，一邊編寫病歷紀錄。如果醫者在過程中沒有做任何記錄，事後才憑記憶編寫，會令病歷紀錄出錯的機會大增。此外，病歷紀錄的編寫行為，亦反映出醫者的臨床價值觀。病者會從醫者編寫病歷紀錄的行為中，揣摩醫者關心的，究竟是病者的內心世界？還是病歷紀錄？當醫者把全部精力放在編寫病歷紀錄，病者便會感到被冷待，甚至感覺被邊緣化。比較可取的做法，是在臨床對話的最初數分鐘，醫者完全不做任何記錄，只是專注於病者本身；過了一陣子，醫者才以尊重的態度，詢問病者是否介意他做一些記錄。此外，編寫紀錄的節奏，亦應盡量配合臨床對話的進展，不可打擾對話的進程。病歷紀錄可筆錄或利用電腦完成；如果筆錄，使用一枝精美的鋼筆和雅致的紙張，會展現醫者對病者的尊重。至於使用電腦作為記錄工具，醫者須留意輸入資料時，會否太過全神貫注，而忽略了與病者進行眼神交流。

1.9 蒐集高質資訊

精神病理學的探討，有如鑑賞古陶瓷碗的過程，鑑賞家會留意陶瓷碗的大小、高度、重量、形狀、線條、碗口與碗底的比例、釉與胎的特徵、圈足的形態等，鑑賞家會對古陶瓷碗的每一個特徵進行觀察，並提取有用的資訊。在鑑賞圈足時，鑑賞家會首先觀察玉璧底的圈足；如果圈足很闊，便可以推斷它可能是中唐以前的古物。如果圈足較窄，便可能是唐朝晚期以後的產物。鑑賞家也會留意古陶瓷碗的形狀，如果是瓜棱形，就可能是五代或北宋的產物。同一道理，當我們對病者的病情進行探索時，也應聚焦於每一個病徵維度。以幻覺為例，富經驗的醫者會詢問病者：（1）幻覺的真實程度；（2）幻覺出現的次數；（3）幻覺出現的強度；（4）幻覺出現於外在空間？還是內在空間？（5）幻覺是否受病者的意志所控制？透過對不同病徵向度的提問，醫者便可以一步步理解和掌握病者的幻覺經歷。

近年，醫療影像學（radiology）突飛猛進，能夠逐格拍攝360度全方位透視影像，並利用電腦重構技術，將人體內部結構透過影像呈現，這種技術稱為「電腦斷層造影檢查」（Computer Assisted Tomography，簡稱 CAT Scan）。進行臨床對話時，我們可以效法 X 光造影的原理，從不同角度收集病者的資訊，為病者建立一個多元和立體的精神病理學模型。

必須承認的是，臨床對話有它一定的局限，當醫者收集病者的病理學資料時，會受到「雜音」（noise）的影響。此外，語言與詮釋上的誤差，亦會影響病者對主觀經歷的傳遞，以及醫者對主觀經歷的接收。

1.10 厚描述、矛盾資訊、欺騙與隱瞞

除了對病徵進行逐步探問，醫者也可以利用「厚描述」，發掘病者的主觀經歷。「厚描述」是人類學探索主觀現象的方法，目的是對探討對象的經歷及情景脈絡，作出清晰的描述。「厚描述」的精神，是鼓勵觀察者盡量不作篩選，對收集的所有資料進行詳細記錄，並盡量貼近原始資訊。將「厚描述」應用於臨床對話中，是醫者鉅細無遺地記錄病者的詳細生活細節，以掌握病者具體的「生活世界」。醫者可以將焦點放在發掘病者與外在世界和內在世界的互動關係，嘗試揣摩這些互動關係如何影響病

者的情感世界及主觀狀況。

在臨床對話中，醫者或許會從病者身上，發現一些矛盾資訊。對一個經驗豐富的醫者而言，矛盾資訊不一定反映出某些資料出現錯誤，矛盾資訊只不過反映出事情有不同的向度，不一定病者在說謊，只是反映出病者經歷的複雜性。

當然，醫者亦須考慮病者有沒有因為某些理由，刻意隱瞞某些資料，或刻意錯誤引導醫者。欺騙與隱瞞在臨床面談中時有發生，病者刻意的隱瞞是很難被揭發的，需要醫者花很多時間和精力，才能偵測出病者因欺騙而發放的不一致資訊。欺騙與隱瞞除了會引致醫者對病者產生錯誤的理解，也可能反映出病者的精神狀態受精神病所影響。

因此，從精神病理學的角度，病者偽造的病徵和偽造的事情，在精神病理學上並非完全沒有價值；如果醫者懂得閱讀與詮釋，可以給醫者很多有用的資訊。以陶瓷為例，不少收藏家都鍾情於紫砂，竭力搜尋年代久遠的紫砂茶壺。據記載，紫砂茶壺的製作最早出現於宋代，但到了明代才興起飲用散茶，也間接令紫砂茶壺的技藝發揚光大。而明代大彬製作的紫砂茶壺，更受到古玩收藏家所青睞。但傳世的明代紫砂茶壺數量十分稀少，一些來自出土古墓的紫砂茶壺，它的製作質素十分參差，於是紫砂茶壺的藏品數量出現了很大的真空。在紫砂茶壺收藏史中，出現過一段非常有趣的事件，與欺騙與隱瞞有關。

一位富有的收藏家以高價購入一批相傳明代製作的高質紫砂茶壺，後來這位收藏家把這批藏品捐給博物館。過了幾十年，這批藏品竟被發現原來是贗品，這批藏品只是近代的仿製品而已。事件被揭發之後，卻出現了一個怪現象，由於這批贗品工藝超卓，亦富一定品味，竟然成為收藏家爭相競投的對象。這批藏品並沒有因為屬於贗品而降價，在很多古玩收藏家眼中，這批糅合近代工藝與仿古特色的紫砂茶壺，甚至比原裝古物更具收藏價值。

由此可見，仿製品不一定沒有收藏價值，須視乎它的製作工藝水平；同一道理，臨床對話中出現的欺騙與隱瞞，也可以視為了解病者「陰暗面」的一個機會，應予以珍惜。

另一件關於欺騙與隱瞞的著名事件發生在美國。在美國，一些實驗者曾進行一項實驗，他們假扮成「精神病人」，並裝出某些精神病症狀，向精神科醫生求診，看看精神科醫生會否被蒙騙。結果這幾名假扮「精神病人」的實驗者，竟被精神科醫生確診患上「精神病」，並送入精神病院接受治療。這個實驗發表以後，普羅大眾甚至學者都對精神科醫生的診斷能力提出質疑，其後在世界各地都有很多人模仿這個實驗，看看能否再次成功瞞騙某些精神科醫生。有一次，一名醫科生假扮成「精神病人」，成功瞞騙精神科醫生，並被送入精神病院；但經過一星期的留院觀察，醫生發覺情況有些不尋常，於是沒有給他處方精神科藥物。由此可見，精神科專科醫生接受經年的專業培訓，替不下數萬個病人進行診斷；他們有能力根據經驗和病理學知識，作出準確的專業判斷。

1.11 主動與被動

臨床對話中，醫者除了沉浸於對話，也擔當觀察者的角色。醫者會針對病者的語言及非語言行為，特別是對話過程的互動行為，進行觀察。此外，醫者也會基於自然科學的假設，收集病者的臨床症狀資訊，例如觀察病者有沒有出現「語言混亂」

（language disorganization），「語言混亂」是一個重要的臨床指標（Chen, 1996）。其次，醫者必須對病者的社會文化環境有廣泛的認識，才能理解病者的主觀經歷。

病者的「生活世界」是私密的，醫者不能直接觀察病者的「生活世界」；他只能模擬病者的生命處境，並透過想像，嘗試明白病者如何經歷他的「生活世界」。醫者一方面可以透過自身的主觀經歷和意義系統，存取病者的主觀經歷和意義系統。雅士培形容這種理解方式為「用同理心理解」（verstehen）（Jasper, 1913|1963），意思是病理學家會把自己「沉浸」（immersion）於所觀察的現象，並透過自身的意義系統，理解病者的主觀經歷。

在臨床對話中，醫者除了扮演觀察者的角色，也扮演參與者的主動角色。醫者不是一個被動的沉默觀察者，而是主動探索（active probing）過程的引導者。所謂主動探索，是指醫者主動與病者進行互動，並鼓勵病者對自身經歷作出詳盡的描述。醫者會從不同角度，利用不同的問題，探索病者的主觀經歷。病者的說話內容，大致可分為兩類：一是重複的內容，另一是沒有重複的內容。透過主動探索，醫者可以從病者的說話中，偵測出病者表達的內容是否一致，並從中抽取和提煉出病者的主觀經歷。

這個抽取和提煉過程，與古玩家把玩和觀賞器物十分相似。當古玩家將一件器物（例如茶碗、印石、煙斗、鋼筆、古玉等）放在手裏，他會從多角度觸摸和審視器物，希望全面掌握器物的各個向度。以茶碗的鑑賞做例子，當古玩家拿着一個茶碗，他會觀察茶碗的內部與底部，亦會感受一下茶碗的重量，並審視茶碗陶質的疏密程度。最後更會用茶碗來盛茶，以體會啜茗的感覺。這種與物件的動態接觸，可以讓古玩家深入認識古物，並掌握古物的詳細資訊和獨特性。我們可以把上述鑑賞古物的原則應用於臨床對話中，醫者可以從不同角度，對病者的生活世界進行主動探索。這種主動的探索方式，比被動地從旁觀察，能獲得更多有關病者的有用資訊。

須留意的是，如果醫者在臨床對話中主導性太強，病者可能因感到壓力而作出即時回應或提供隨便的反應，這便會大大削弱資訊的質素。由於醫者在臨床對話中扮演雙重的角色，醫者必須注意自身對觀察現象產生的影響（Oswald et al., 2014; Robins, et al., 1996）。醫者每一句說話和每一個行為，都會影響他與病者的交流，特別是病者對主觀經歷的描述；因此，醫者必須常常留意：究竟病者的說話內容，多大程度反映他的真實心聲？又多大程度受醫者所影響？

在科學研究的領域，「被觀察的現象」（observed phenomena）受到「觀察過程」（observation process）的影響，這情況非常普遍。進行精神病理現象研究時，「被觀察的現象」也會同樣受到「觀察過程」所影響。因此，醫者在臨床對話的現場洞察力十分重要，他必須留意「觀察過程」有沒有滲進「被觀察的現象」中。掌握角度轉換的技巧，會有助提升上述能力；所謂角度轉換，是指醫者採用第一身角度、也採用第三身角度進行觀察。當醫者處於第一身角度，他會扮演對話的參與者，並全然投入面談過程；當醫者處於第三身角度，他會透過他人的眼睛，從外面觀察和檢視面談過程（Libby, Shaeffer, & Eibach, 2009）。角度的轉換，有助醫者觀察和反思他與病者的互動過程。

1.12 對話循環

臨床對話是一個資訊傳遞的過程，病者將自己的經歷向醫者傳送，而醫者則就着病者的經歷和面對的精神困擾，在內心建構模型。這個過程涉及四個模組（modules），其中包括：（1）醫者（C）的經歷模組；（2）病者（P）的經歷模組；（3）醫者（C）的溝通模組；（4）病者（P）的溝通模組。

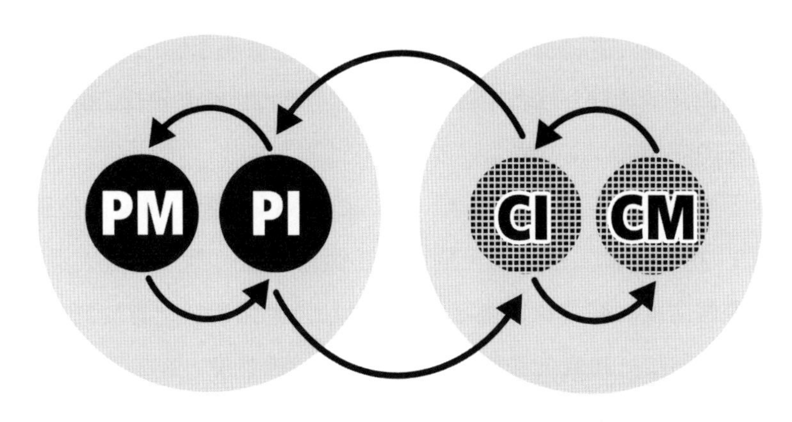

圖 1.5 對話循環

在對話進行時（參考圖 1.5），在醫者的領域，分別涉及兩個模組：（1）醫者為病者建立的模型（CM）；（2）醫者的詮釋（CI）。在病者一方，也涉及兩個模組：（1）病者對病況的記憶（PM）；（2）病者的詮釋（PI），即病者對自身精神病況的理解。CI 與 PI 的溝通和交流過程會反覆進行，直至 CM 與 PM（即醫者與病者對精神病經歷的理解）達成一致。臨床對話的目的，是醫者按照「病者對病況的記憶」（PM），為病者建立一個接近的模型（CM）。當然，建立模型的過程涉及「病者的詮釋」（PI），也涉及「醫者的詮釋」（CI），要達到一致的理解，必須反覆和循環地進行。

當病者出現精神困擾，他會對初始經歷進行詮釋，從而建立起「病者對病況的記憶」（PM）；接着病者會對「病況的記憶」進行詮釋，並建立起「病者的詮釋」（PI）。值得注意的是，與疾病相關的初始經歷出現以後，病者會不停對初始經歷進行詮釋，記憶鞏固過程也會選擇性地把重要資料儲存，省略某些細節。所以，PI 有別於 PM，PM 亦有別於初始經歷。在臨床對話中，醫者必須分辨三者的分別。「病者對病況的記憶」（PM）往往比「病者對病況的詮釋」（PI）包含更多向度；而初始經歷更比「病者對病況的記憶」（PM）包含更多向度。

在臨床對話中，在醫者一方，他會對「病者對病況的詮釋」（CI）進行詮釋，這涉及一個建立表徵的過程，例如幻覺表徵包含多個向度，醫者會針對每個向度進行主動探索，他會詢問病者幻覺的強度、出現的頻密程度、聲音的清晰程度、控制程度、語意內容、對話者的數目及身份、第二人稱或第三人稱、空間資料、情緒反應等。透過臨床對話，病者會為表徵的不同向度注入內容，由於記憶可能不完整，病者只能注滿某幾個向度。

在臨床對話中，每次醫者只會處理一個向度；當一個向度得到澄清，醫者才會查詢下一個向度。這過程會不斷反覆進行，直至「醫者的模型」（CM）能充分反映病者的初始經歷。當然，醫者也會憑藉臨床經驗及精神病理學的知識，填補溝通缺口。須注意的是，這些添加的資訊，有時會對「病者對病況的記憶」（PM）形成扭曲的理解和偏見。臨床對話中，醫者宜對各種資訊抱持開放態度，並應具備一定的同理心和反思能力，並明白到：「病者對病況的記憶」（PM）=「醫者為病者建立的模型」（CM）–（「病者的經歷處理」（PMc）（t1）+「病者的進一步詮釋」（PIu）+「醫者的進一步詮釋」（CIu））。

因此，臨床對話必須包含調準過程，調準過程涉及多個層面的調準，其中包括：聲學（acoustic）、音素（phonemic）、語法（syntax）、語意（semantics）和論述（discourse）等。在語音層面，雙方會在對話過程中，啟動相關的認知結構，盤算對方的聲音特性，並對聲波進行解碼（decode）。除了語音層面的校準，類似的過程也發生在語意層面。在語意層面上，由於大部分語言符號都有多種可能的解釋，每次使用某詞彙，都涉及詞彙與語境（context）的獨特關係。以「夢境」這詞彙為例，當病者引述某個「夢境」，醫者宜審慎地提出更多問題，以澄清病者所謂的「夢境」，究竟是指夢境狀態？還是睡眠前半醒的狀態？或只是一個隱喻，代表病者對未來的美好期望。

1.13 區域與閘口

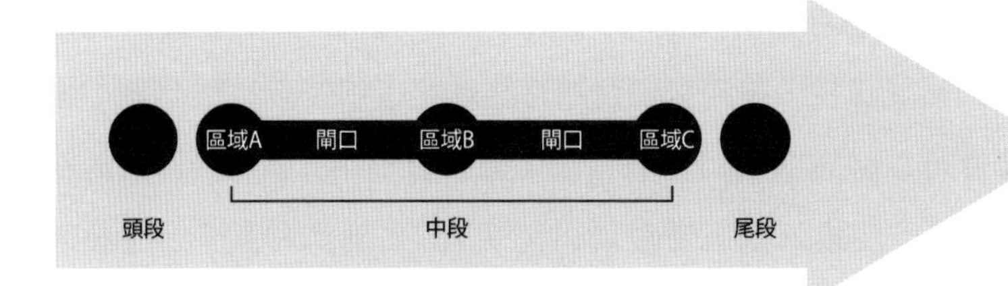

圖 1.6 臨床對話的不同階段

要讓臨床對話進程順暢，醫者必須掌握區域（Regions）與閘口（Gates）的觀念（Shea, 1998）（參考圖 1.6）。區域指相類似的面談內容，閘口是指面談中的轉接點。我們可以將面談視為由數個區域組成的「線性進程」（linear progression），要推進「線性進程」，必須靈活運用閘口的觀念，並由一個區域過渡到另一個區域，下列是一些建議：

(1) 在同一個區域中進行溝通

經常在同一個區域進行溝通，能締造自然流暢的氣氛，不會給病者一種感覺，就是醫者主導着談話的內容。

(2) 提供清晰的轉變方向

由一個區域過渡至另一區域時，醫者必須提供轉變方向，加入閘口的轉接位置，例如醫者可以表示：「我們已經完成這範圍的討論，就讓我們將話題轉至另一範圍。」

(3) 利用「接橋問題」連繫兩個區域

醫者也可以利用「接橋問題」（bridging questions）連繫第一區域與第二區域。「接橋問題」來自兩個區域的「語意連結」（semantic link），醫者只要找出當中可能的連結，便可以構思一條「接橋問題」。例如；在第一區域中，醫者與病者談及病者的情緒狀態，如果醫者期望移向第二區域（例如性格），醫者可以從第二區域尋找一條題目，這題目比較接近第一區域的話題，例如醫者可以查詢病者的飲酒習慣，便可以為第二區域（性格的討論）提供一個接入點。醫者可以問病者：「很多人不開心時會訴諸飲酒，你對此有何看法？」透過這條「接橋問題」，醫者可以引導病者進入飲酒習慣的討論，再從飲酒習慣的討論，接駁至對生活風格和性格問題的探討。

1.14 臨床敘事

在臨床對話中，病者會按照他的主觀經歷及身處的情景脈絡，建立陳述，這個過程涉及對初始經歷的重組。因此，病者的陳述可視為一種「敍事」（narrative）。「敍事」有別於「客觀事實」，當病者進行「敍事」，他其實在描述過程中滲入了自己的動機，他描述的其實是他對現實作出的主觀反應，並不是「客觀事實」。

在一個典型的「臨床敍事」（clinical narrative）中，病者會視自己為病理學與治療的對象，而較少視自己為主動的「主體意識」（agency）；因此，在臨床對話中，醫者除了專注於病者的談話內容，更要思考病者的「臨床敍事」風格，病者如何受到「疾病故事」（illness stories）的影響。下列幾個問題有助我們思考病者的「臨床敍事」風格：（1）病者是否容易被引導？（2）當病者從不同角度描述自身經歷時，這些描述有多大一致性？（3）當病者陳述一個敍事版本，他的投入程度如何？（4）當病者提出問題時，他是否使用直接問題？透過對上述「覆蓋層」（overlaid layers）的分析，醫者可以撥開雲霧（即跳出「病者的詮釋」（PI）），對「病者對病況的記憶」（PM），甚至初始經歷，有更真切的了解。

1.15 病徵分類

在臨床對話中，當醫者確定甚麼是病者的主要困擾，他便要為病者進行診斷，這是一個由現象學（phenomenology）過渡到精神醫學（psychiatry）的過程。「診斷」（diagnosis）涉及將病者的精神狀況按照一個分類系統，歸入某一類別。其中一個最重要的步驟是「病徵分類」（symptom classification）。「病徵分類」有別於現象學，後者在沒有假設下，嘗試描繪病者的主觀經歷；但在「病徵分類」的過程中，醫者會把病者的經歷與已知的病徵原型進行配對。

事實上，分類系統在人類的生活中一向被廣泛採用（Neisser, 1989），「病徵分類」系統並不是新鮮事物。在病徵的診斷和分類過程中，大量臨床資料會收窄為一個「分類診斷整合」（categorical diagnostic formulation）（Elstein, & Schwarz, 2002），醫者會按照類似的診斷類別，採用類似的管理方案。過程中，醫者將相近的處境組織成少數的處境類別（categories），並將處境類別與相應的處理方法聯繫起來，最後根據常理判斷甚麼對病者來說是最好的方案。

在臨床對話中，醫者對病者的診斷往往十分審慎的，醫者不會對病者的說話照單全收。精神醫學的訓練，是培養醫者臨床觀察能力，醫者透過對病者病情的全面觀察（包括對病徵（symptoms）與病狀（signs）的觀察），才作出結論。下列是進行「病徵分類」的幾個基本原則：（1）不要太早作出病徵分類：太早作出病徵分類，會形成不成熟的精神病理評估，以及誤導醫者建立起武斷的管理方案；（2）須考慮病者的詳細資料：「病徵分類」只是精神病理評估其中一個資料來源，要建立一個多層次的管理方案，醫者須考慮病者的詳細履歷、社會背景、性格及處身的生活世界，這對組織管理方案非常重要；（3）整合心理治療與藥物治療的介入類別：指導心理治療的介入類別，與指導藥物治療的介入類別，是有明顯分別的；整合兩者，才可以發揮互補作用。

1.16 路線取向

最後，醫者進行臨床對話時，必須留意「路線取向」（line of approach）的問題，因為不同的「路線取向」會對醫者接下來提出的問題，以及病者往後的反應，產生深遠的影響。醫者宜採取不同的「路線取向」，以便從數個不同角度，對病者的病況進行探索。太過依賴單一的「路線取向」，會導致資訊偏向狹窄，有時更會產生誤導。一般來説，在臨床對話中，醫者會採用「清單取向」（check-list approach）與「回應取向」（responsive approach）兩種探索路線。當醫者採用「清單取向」時，他會擬定一系列問題，並按照先後次序提出問題；無論病者對上一條問題作出甚麼反應，醫者仍會跟從預定的次序，提出下一條問題。「清單取向」經常在結構性研究面談中採用，以確保內容覆蓋全面；但「清單取向」的缺點是缺乏彈性，要深入探索病者特定範圍的內容，「清單取向」的效率會較低。而「回應取向」較接近日常的談話，醫者會根據病者當下的反應，提出下一條問題，這種模式比較接近自然的交流，「回應取向」容許彈性，醫者可以針對病者特定領域提出問題，並即時調整反應。「清單取向」與「回應取向」各有利弊，重點是取得適當平衡，不可太依賴單一「路線取向」，能做到「機制」（mechanism）與「經歷」（experience）並重，便是高質的臨床對話。

1.17 總結

臨床對話是病者與醫者的資訊交流過程，一個完整的臨床對話包括下列各個步驟：

(1) 介紹面談的情景脈絡

在臨床對話開始時，適當地介紹面談的情景脈絡十分重要。在開始階段，清楚介紹面談的安排（例如面談的時間、目的等），有助締造開放與公平的面談氣氛。

(2) 對病者進行初步觀察

面談的最初數分鐘，醫者其中一個重要任務，是對病者的外表和行為進行初步觀察；建議在面談開始時，預留數分鐘，完成初步觀察。

(3) 病者描述自身經歷

臨床對話的開始，是病者對他所經歷的病況進行描述；在這階段，醫者不會限制病者的說話內容，病者可以自由地表達他關心的事情。

(4) 病者對病況經歷進行觀察

臨床對話的下一階段，病者會從思維某部分對思維的另一部分進行觀察，觀察的範圍主要圍繞自身病況，內容可以屬於過去，也可以屬於現在，這是一個自我反思的過程（self-reflective process）。

(5) 病者傳遞他的經歷

在這一階段，病者會透過語言傳遞他的經歷，這過程涉及病者的「溝通模組」，病者是否有能力對自身經歷進行語言編碼（encode），往往取決於病者「溝通模組」的詞彙資源。

(6) 醫者接收病者的經歷

當醫者接收病者傳遞的信息，他會為這些信息進行解碼（decode），並進行反思；醫者會在內心分配一處認知空間，為病者傳遞的信息建立表徵。

(7) 醫者為病者的病況建立模型

在這一階段，醫者會為病者的精神病況建立模型，醫者會利用主動探索，以澄清病者的初始經歷，並逐步為病者建立最終模型。

(8) 對模型作出評估

進入臨床對話的最後階段，醫者會對模型作出評估，審視模型的質素；當模型出現漏洞，醫者會思考對病者病況及病徵的澄清，是否合適和足夠？並再次檢視臨床對話的各個步驟，尋找其中的疏漏或誤判。

至於臨床對話的內容，則涉及下列三個層面：

(1) 事實層面

這層面的內容屬於歷史和事實性質，醫者會針對病者的個人歷史和生命處境進行探索，其中亦牽涉情景脈絡和敍事結構等。

(2) 精神病理學層面

第二層面屬於精神病理學的層面，病者會陳述有關自身病況的初始經歷，醫者也會對病者的病況及病徵進行澄清。

(3) 人際關係層面

至於第三個層面則屬於人際關係的層面，這層面涉及醫者與病者的互動，當中包括工作關係的建立及對話調準等。

必須強調的是，臨床對話並不是一堆技巧，它涉及醫者對病者主觀經歷的理解和詮釋；醫者對現象學、腦神經科學及認知科學相關知識的掌握，往往影響着醫者的表徵能力和臨床判斷力。在下一章，我們除了對主觀經歷的本質進行探索，更會詳細闡述現象學、腦神經科學、認知科學與精神病理學的關係。

2

精神病理學的知識基礎

在上一章，我們檢視了臨床對話的藝術，也為臨床對話的結構提供了詳細的分析；同時，闡析了如何透過各種臨床技巧，獲得有質素的臨床資訊。在這一章，我們會探討主觀經歷的本質，主觀經歷不但是精神病理學的基礎資料，更是精神病理學進行科學研究的根基。

波普爾（Popper, 1962）曾勾畫出科學精神的大致輪廓。波普爾指出，作為科學家，當我們探索自然現象，我們會針對現象進行反覆觀察，並提出假設（hypotheses），以解釋目標現象。所謂科學方法，就是對假設進行重複實驗，與實驗結果不符的假設會被推翻，與實驗結果相符的假設會獲得支持。當假設在反覆的實驗中獲得肯定，便可以逐漸確立為定論。須注意的是，科學並沒有終極的答案，只是透過不斷進行實驗，一步一步貼近真理。因此，所有定論都可能在未來被實驗推翻。

2.1 主觀經歷的本質

在自然科學的領域，「客觀化」（objectification）是一個重要的步驟和原則。所謂「客觀化」，是指實驗的結果，不會因時而異；不同觀察者進行同一實驗，得出的結果仍會不變。可惜的是，人類的主觀經歷屬於個人的私密事件，是瞬間發生的事情，對當事人產生的意義，只有當事人能夠明白，因此不能完全「客觀化」。

主觀經歷的特徵包括下列數點：(1) 主觀經歷出現於過去，是一種逝去的經歷，因此不能被完全複製，或再次被經歷；(2) 主觀經歷發生以後，當事人亦會隨時間出現轉變，主觀經歷不是恒久不變的，而是常常處於液態狀態；(3) 隨着主觀經歷的累積，「我」亦會產生變化，今天的「我」有別於昨天的「我」，將來的「我」亦有別於今天的「我」。因此，將自然科學重視的「客觀化」原則，套用至精神病理學的研究，實在有它的局限性。

拿品茶為例，我們或許可以將茶葉進行化學分析，精準地羅列出茶葉的各種化學成分；但啜一口茶的滋味，是一種主觀經歷，這種經歷不能透過科學數據呈現。不同品種的茶葉有不同的味道，例如鐵觀音、龍井、碧螺春、普洱、香片等，各有它們獨特的香氣。一位熟練的茶藝師，可以鉅細無遺地對這些香氣進行描述，分辨鳳凰單叢茶的香氣與鴨屎香的香氣的分別；但品茶始終是一種主觀體驗，它超越了物質的層次，講求個人與茶產生的化學作用。這種體驗亦會受品茶者當時的心情，以及環境氣氛所影響。

由此可見，品茶並不是把茶的物質倒進肚裏，而是一種主觀經歷，是一種物質與精神相遇的體驗。品茶的主觀經歷，對每個人來說都是獨一無二的。基於每個人的成長經歷不同，茶的滋味也會有所不同。因此，將品茶的經歷進行「客觀化」，存在不少困難；將每個人的品茶體驗歸納為一種共同經歷，是將品茶過度簡單化，亦抹殺了品茶的精神層面。

法國文學家普魯斯特（Marcel Proust）寫過一段有趣的文字，他嘗試用文字描述一個人飲茶後產生的微妙內心變化，這種內心變化後來被人稱為「普魯斯特瞬間」。這反映出品茶的經歷是複雜的，對每個人來說都是獨一無二的。

2.2 自然科學的進路

精神病理學研究的對象，是病者身上發生的主觀經歷，這些主觀經歷與自然科學的研究對象，屬於兩個截然不同的領域。自然科學的研究的，是擁有物質基礎，有一定質量，並佔據一定物理空間的客體；但主觀經歷則屬於非物質層面的東西，它不擁有質量，且不佔據物理空間。在社會科學的領域，研究員常犯的謬誤，是將自然科學的評分量表（rating scales），生硬地套用在社會科學的研究中。當研究員嘗試將評分量表用於量度主觀經歷時，往往忽略了主觀經歷牽涉的情境脈絡因素。以受騙的經歷為例，當我們透過評分量表向受騙者彙集數據，受騙者在「難以信任別人」一欄的得分會很高；但如果我們基於這些數據而推論受騙者「難以信任別人」，便忽略了情境脈絡因素對當事人的影響。

又舉例說，當認知科學家研究人類的記憶系統時，他會向實驗對象讀出一組詞語或一個故事，並讓實驗對象記着這些詞語和故事。過了一段時間，認知科學家會要求實驗對象憑記憶，複述這些詞語和故事，藉此量度實驗對象的記憶力。但認知科學研究的始終是人，對人進行研究，往往不能完全擺脱一些主觀因素。當研究對象今天完成測試，明天再接受同樣的測試，他的表現一定會比今天好，因為部分實驗內容已經刻印在研究對象腦中。為了減低主觀經歷對實驗對象的干擾，認知科學家會引入一些預防措施，例如在第二次測試時，採用另一組詞語或故事，希望可以解決上述問題。但主觀因素很多時難以移除，當研究對象今天接受測試，明天再接受類似的測試，實驗表現總會得到提升。由此可見，在認知科學的領域，要落實自然科學的「客觀化」會碰上不少困難。

2.3 詮釋方法

既然「客觀化」行不通，我們如何進入別人的主觀經歷，並彙集與精神病理學相關的客觀數據？英國牛津哲學家萊爾（Gilbert Ryle）（Geertz, 1973）提出了一個非常有啟發性的發現，我們每個人都會眨眼，但要明白別人的眨眼經歷，萊爾認為只可透過詮釋方法（interpretive means）。毫無疑問，我們可以邀請研究對象閉上眼皮，然後利用肌電圖（electromyograph）和電生理學（electrophysiology）儀器，量度研究對象的眼部動作，並收集他們眼部運動的客觀數據。但萊爾指出，要完全了解他們的眨眼行為，仍需透過向研究對象提問，才能掌握研究對象啟動眨眼動作時的主觀內心狀態（subjective mental state）。研究對象的行為是否自發（主動拋媚眼）？還是無意識行為（普通眨眼）？或是反應性行為（眼睛因受刺激而作出生理反應）？唯一回答上述問題的途徑，只有詢問研究對象，並沒有其他觀察者可以代研究對象回答這些問題。

世上大部分事物都有主觀部分，也有客觀部分。例如當我們進行茶道時，我們會跟從一些既定的客觀程序，茶藝師首先以熱水泡開茶葉，把茶湯放在公道杯之中（公道杯是中國茶道中用以分茶的工具），然後再將茶從公道杯分別倒進客人的茶杯，讓

不同客人都能喝到濃淡均一的茶；這種細節安排，目的是讓客人可以分享同一客觀體驗。認知科學家派利夏恩（Pylyshyn, 1984）亦指出，人類經歷涉及兩種大腦認知層次，分別是基本構件和意念思維，前者涉及大腦的基本功能，例如注意力和記憶；後者則涉及高階的大腦意念思維，例如動機與意義。派利夏恩強調，基本構件屬於自然科學處理的範疇；至於意念思維，則只可以透過詮釋方法處理。詮釋方法是社會學家韋伯（Weber）提出的，韋伯指出，當我們對社會現象進行研究，應採用「詮釋方法」，而非實驗方法。大部分社會現象都涉及人的動機和意義；按照同一道理，要了解人類的主觀經歷，也應採用詮釋方法（Dilthey, 1961, Weber, 1968|1922; Dilthey 1961）。

2.4 電腦與人腦

我們可以利用電腦的演算程式模仿人類的心理行為與反應，但不代表電腦能像人類一樣擁有「主觀經歷」。利用電腦模擬大腦活動，無疑可以讓我們一窺人類心智活動的大致輪廓，但電腦的演算程式不等同人類的「主觀經歷」。「主觀經歷」是複雜的，它包含多個層次，涉及主觀與客觀的東西。數據分析並不能涵蓋「主觀經歷」的所有範圍。

心靈哲學家希爾勒（Searle, 1980）提出一個很好的比喻（Searle, 1980），他請讀者想像一間郵局，郵局的管理人員為不懂中文的員工提供培訓，令員工認識各種分類規則。這些規則涵蓋所有可能出現的地址筆畫組合，員工便可以按照演算程式將郵件分類。希爾勒請讀者想像一位不懂中文的員工，他接受了郵局的培訓，把寫有中文地址信件成功進行分類。希爾勒指出，大部分讀者應不會相信這位員工「懂得中文字詞的意思」，這位員工只是按着演算程式執行工作，卻欠缺語意學（Semantics）強調的意義（meaning）。簡言之，這位在郵局工作的員工，只是按規則行事，其實並不理解信件中中文字詞的含意。

因此，希爾勒指出，單單採用機械的「演算程式」，例如電腦，並不足以解釋人類心靈的運作（Searle, 1980）。又舉另一個例子，當我們去街市買食材，我們可以跟從預先擬定的購物清單選購食材，但到了真正看到食材一刻，腦海自然會勾起上一次在同一地點購買食材的心情，我們或許記得街市附近有一個賣臭豆腐的老婆婆，她賣的臭豆腐氣味濃烈，並引來居民的投訴，最後更對簿公堂。這些聯想與回憶，超越了事物的客觀部分，與人的主觀經歷關係密切。

2.5 現象學進路

人類的「主觀經歷」涉及不同的文化和價值因素，縱使客觀環境相同，但環境對每個人產生的意義都不盡相同。每個人的主觀經歷都是獨一無二的，每個人聚焦的事物或勾起的回憶都略有不同。現象學所指的「現象」，就是「事物向個人顯現的方式」，意思是每個人的經歷都是獨一無二的，「事物向個人顯現的方式」也略有不同。上述名句來自胡塞爾，胡塞爾作為現象學之父，他提出的現象學，是「一種描述性科學，針對呈現在主觀經歷中的一切」（Husserl, 1913, 1921|1970）。胡塞爾鼓勵人以直接的方式處理主觀經歷。另一位現象學家史坦茵（Edith Stein）指出，實驗科學方法只是眾多認識世界的方法之一，實驗科學方法有它的局限性（Stein, 1916|1970, 1931|1998），而現象學提供了認識事物的另一種出路。

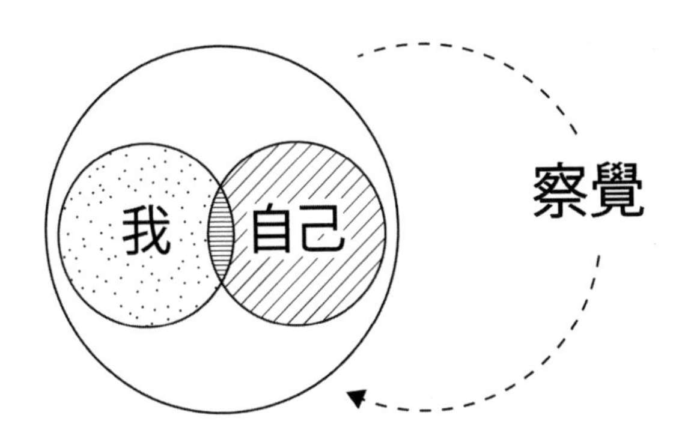

圖 2.1「我思，我在」的三個基本元素

現象學從「初始經歷」（primary experience）出發，以「直接經歷」（direct experience）作為「了解我們自己與我們的世界的起點」（Husserl, 1913, 1921|1970; Brentano, 1874| 1973）。現象學追求的，是更為根本認識世界的經驗（參考圖 2.1）。「存在」（being）是一個無可推諉的事實，多個世紀以來，不少思想家（其中包括聖奧古斯丁（St. Augustine）、笛卡兒（Descartes）及胡塞爾（Husserl））都以這立場作為思考的起點。笛卡兒提出：「我思，故我在」（Cogito ergo sum, I think, therefore I am）（Descartes, 1644|1983）；但現象學採用了更為單純的觀點，就是「我思，我在」（cogito, sum; I think, I am），這是一種「不用反思的肯定」（unreflective certainty）。現象學家認為，這種「自我」意識早於理性知識（rational knowledge）出現之前已經存在。從現象學的角度，「我思」（Cogito sum）已經是一個充足了解世界的起點。現象學省略了「我思故我在」中間「故」（ergo），摒棄「故」，現象學家認為，理性的「故」對存在來說不是一個必要的條件，屬於一種不必要的理性元素。現象學家相信，主觀經歷是我們可以直接存取的，現象學有別於自然科學，現象的知識來自對主觀經

歷的審慎觀察和描述。因此，現象學可以為我們另闢蹊徑，在科學方法以外，以「本質直觀」的方法，對主觀經歷進行探索。

2.6 病徵、症狀與生活世界

在醫學領域，要了解病者的病況，一般會給病者進行臨床觀察。臨床觀察分為病徵（symptoms）的觀察及症狀（signs）的觀察。「病徵」是指病者向醫者陳述主觀不適（例如疼痛或頭暈），而「症狀」則指醫者對病者進行身體檢查與診斷，從而獲得臨床資訊。醫生進行的臨床觀察，一般會採用系統化和標準化的程序和步驟，例如進行臨床症狀檢查時，醫者會視病者的身體為自然科學的「客體」，病者只需放鬆身體，躺在病床上，充當「客體」的角色。

當醫者替病者進行腹部檢查，醫者會要求病者躺在床上，按照醫療程序，望、觸、叩、聽，病者不需要做任何有意識的動作，只需被動地與醫生配合。但在精神醫學的領域，當醫者期望獲得病者精神狀況的資訊，唯一辦法是透過與病者對話，才可以了解病者的病況。現象學關心的，是當事人經歷的「生活世界」（Lebenswelt）。「生活世界」是胡塞爾提出的（Husserl, 1936|1954），「生活世界」是指個人在日常生活中直接經歷的世界。事實上，每個人每時每刻都與外在世界發生互動，並從中建立起「生活世界」的秩序和內容。「生活世界」不但涵蓋「主觀經歷」，更包括那些向內心呈現、被個體感受的內心現象。胡塞爾指出，「生活世界」與「實驗世界」（empirical world）不同，我們可以透過自然科學的研究方法認識「實驗世界」，但「生活世界」卻非「實驗世界」的研究所能企及。

2.7 主觀經歷與神經成像

近年神經成像（neuroimaging）與電生理學（electrophysiology）在腦神經科學中大行其道，透過這些科技，科學家可以勾畫出人類主觀經歷的大致輪廓。但蒐集了這些數據，是否表示我們成功讀取當事人的「主觀經歷」呢？語意和意義是「主觀經歷」的重要部分，但語意和意義在神經成像及電生理學中，仍是一個缺席的課題。因此，單單收集神經成像數據，並不能完全辨識和解讀「主觀經歷」的。

針對神經細胞網絡（neural substrate）進行研究，距離掌握「主觀經歷」的意義，還有一段遙遠的路程。我們並不抹殺大腦研究對了解精神病理作出的貢獻，但畢竟人生活在「生活世界」中，這個世界是主觀的、私密的，並且由語意與意義組成，單憑記錄大腦神經細胞的活動，是不能完全掌握「主觀經歷」的。「主觀經歷」是精神病理學的根基，不明白當事人的「主觀經歷」，便難以明白非常態經歷給病者帶來的衝擊和意義。

2.8 總結

由此可見，「主觀經歷」的知識並非遙不可及，透過有系統的現象學研究，透過詮釋方法，「主觀經歷」的資訊是可以有效存取的。「同理表徵論」並不否定科學研究的價值，但同時強調，精神病理學的知識超出了科學強調的客觀知識範圍，科學着重的是物質層面；但精神病理學涉及的，更多是心靈與精神層面的「主觀經歷」。採用現象學的方法進行精神病理學研究，可以涵蓋病者生活世界的所有元素，其中包括語言、心靈、精神、文化、意義與價值觀，這些因素對理解病者的「主觀經歷」，實在不可或缺。

3

大腦是主觀經歷的舞台

大腦雖然是一個由物質組成的器官，但大腦處理的卻是無形的資訊。物質佔據空間，並遵從「守恆定律」（laws of conservation），即不可無中生有或消失，也不可無限增長；相反地，資訊不佔據空間和時間，而且可以無限增長。大腦是眾多人體器官中，唯一專門處理資訊的器官。大腦耗費大量身體能量，以維持資訊系統的有效運作。我們以一生的時間，不斷在大腦中累積資訊，以建立思想系統；這過程在人生歲月中川流不息，直至大腦老化和無法儲存新的資訊為止。但資訊的繁衍，卻可以跨越有限的生命，透過文化的方式在人類社群中延續下去。

大腦的資訊系統並不是一朝一夕形成的，而是經歷漫長的的進化和淘汰機制；透過物競天擇，大腦把環境因素內化，變成有用的資訊。環境會引導大腦往某個方向發展（Davies, 1999），早期具適應能力的資訊，大腦會保存下來，成為表徵系統的一部分。人類早期的生存環境，沒有農地，亦沒有城市，人類要在大自然透過狩獵和採摘，才可以生存下來；於是，擁有能辨別食物養分的認知能力，便成為一種生存優勢，擁有這種能力的個人或群體，在大自然環境中會有較大的生存機會，這種優勢在大腦進化中保存下來。在人類的進化史中，大腦不停篩選有用資訊；不同資訊會彼此競逐，唯有有利於人類生存的資訊，才會獲得大腦青睞。

3.1 人類的心智進化史

人類心智的進化，可追溯至 100,000 年前（參考圖 3.1）。在那階段，出現了「智人」（Homo sapiens），象徵着現代人類心智（modern human mind）的誕生。由那時開始，人類逐漸繁衍至世界各大洲，這過程與其他類人猿物種和大量動物物種滅絕的時間吻合。據估計，現代人類最早出現於非洲，其後散落到世界各地。約 50,000 年前，人類首先在歐亞陸地板塊登陸，及後更橫渡海洋散居至澳洲。約 12,000 年前，人類到了美洲，這階段的人類，大多以狩獵和採摘維生。

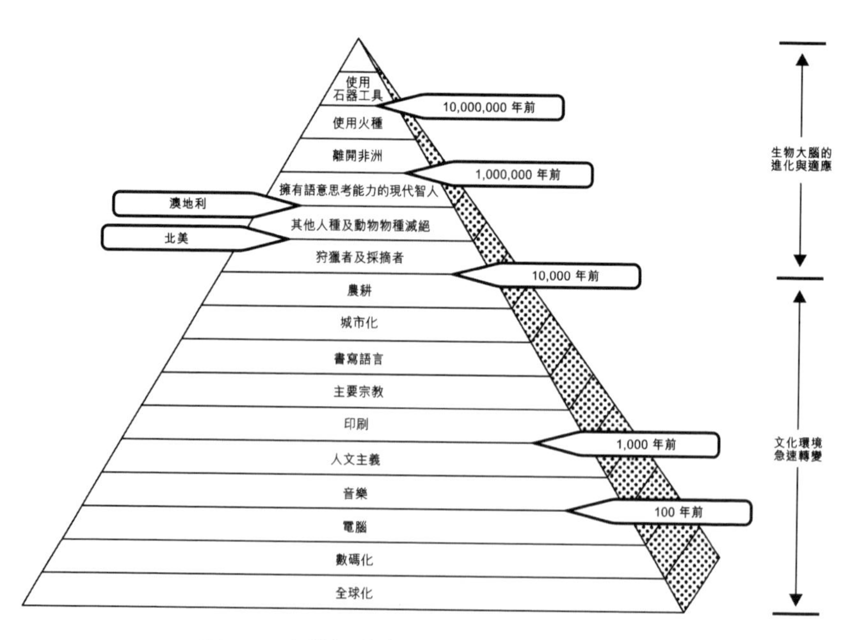

圖 3.1 改變智人大腦生存環境的大事年表

考古學家發現，在30,000年或更早以前，人類已經懂得創造藝術製品（artefacts）。這些人為的藝術製品，明確反映出人類開始懂得使用表徵；這時期的人類，會將自然出現的模式（naturally-occurring forms）重新組合，創造出新穎的合併表徵（Conkey, 1999）。當進化史進入最近一萬年，人類的意念、溝通和文化出現了突破性發展，變得更為複雜，人類透過高階的表徵作為溝通工具，並由簡單表徵擴展至複雜表徵的過程，後者讓人類語言的發展變得更為成熟。最後，文字的出現，更大大提升群體的溝通能力。

3.2 大腦資訊的類別

大腦是一個龐大和複雜的資訊系統，儲存了不同類別的資訊，以下是大腦的主要資訊類別：

（1）即時感覺資訊

在我們的日常生活中，我們會不斷接收從感覺而來的資訊（例如即時的視覺資訊），大腦會不停處理這些資訊，並不停連線更新。即時感覺資訊屬於快速而短暫的資訊，這些資訊由感官直接傳入，並在大腦進行從下而上（bottom-up）的處理。

（2）物理環境的穩定資訊

這種資訊來自大腦與物理環境的互動，屬於一種「單人博弈」（one-person game）產生的資訊，過程涉及個人與被動和穩定環境的接觸和互動。大腦透過與環境互動，一步步掌握與物理環境相關的技術和能力。對物理環境穩定資訊的掌握，是大腦發展的一個重要里程碑。當人類掌握了物理環境隱藏的常規

（hidden regularities），便可以一步步發展技術大腦（technical brain）。

（3）複雜社交資訊

複雜社交資訊涉及「二人博奕」。人與物理環境的互動只是一種「單人博奕」，但複雜的社交資訊則涉及「二人博奕」。「博弈論」（Game Theory）是大腦經常用來處理複雜社交處境的方法。根據「博弈論」，他者（Other）被視為擁有動機和策略的他人，進行博弈時，雙方會不停思考對自己最有利的應對策略。「二人博弈」可以是合作性質，也可以是競爭性質。在人際關係中，對別人的「估算」通常缺乏「明確性」，個人須對他人的動機概率作出不停更新，這種不確定性對大腦系統構成一定負荷。妄想內容大部分屬社交性質，這可能與大腦處理「二人博弈」時不勝負荷有關。

（4）群體共享資訊

群體共享資訊是維繫社群身份的重要資訊，在現代社會，人們透過交往及分享信息，尋求經歷的增長（這屬於經驗經濟學的範疇，Pine, & Gilmore, 2011）。群體成員彼此分享資訊，不但有助成員掌握環境變化，更可以建立成員在群體中的地位和身份，讓個人與群體建立緊密聯繫。

（5）處境狀況的場景資訊

處境狀況的場景資訊屬於一種暫時性和有所保留的資訊，這種資訊對日常生活的運作十分重要，它可以容讓多種互相競爭的假說，同一時間在大腦系統中並存，並讓大腦將各種假設一一檢視，然後作出最終結論。要了解處境狀況場景資訊的本質，可

以參考偵探故事的模型。在偵探故事的開端，作者通常只會為讀者提供少數查案線索，讓多種可能性並存；但隨着故事的發展，作者會讓讀者一步步掌握更多情報，每個情報有助辨別不同的嫌疑犯，並評估這些嫌疑犯的犯案概率。到了偵探故事的末端，作者會為讀者提供一個重要證據，幫助讀者收窄嫌疑犯的範圍，並向着緝捕唯一嫌疑犯進發。這是一個由不確定走向確定的過程，偵探故事滿足了一般人追求明確性的需要，亦可解釋妄想的出現。有些時候，大腦為求追求明確性，會串連起關聯薄弱的不同事件，並一步步墮進妄想的陷阱。在精神病理學中，往往很難給妄想一個清晰的定義，但在眾多妄想特徵中，無法思考其他可能性，卻是妄想的核心特徵（defining feature, Jaspers, 1913|1963）。

（6）美感資訊

人類對美感資訊的追求，超越了滿足生存需要的範疇。當個人被美感資訊觸動，會產生童真的喜悅。美感資訊召喚我們以感恩的心，將自己的生命投放在崇高領域中。美感資訊可以賦予生命意義，有助我們走出物質枷鎖，擁抱生命的終極意義（Maslow, 1943）。

3.3 健康的資訊系統

一個健康的資訊系統，應包括下列特點：

（1）建立資訊的明確性

一個不明確（less specified）、存在多種可能性的系統，是一個低資訊價值及失調的系統（Prigogine, 1967; Feynman, et al., 1963）。以液體實驗為例，當我們將兩種液體混合，過了一段時間，混合物便會處於穩定狀態。雖然宏觀上液體的形式並沒有改變，但微觀上分子卻在不斷變化；這意味着，儘管微觀呈現不同變化，但宏觀上整體狀態仍是對等的。大部分相同的分子狀態，就好像混合好的液體，由於存在大量可能出現的宏觀對等狀態，系統在某剎那只會隨機跟從多種狀態的其中一種。我們會視這種宏觀狀態為「較低資訊狀態」(lower informational state)。相反地，如果兩種液體清楚分隔，並處於混合之前的排列狀態，便可減低狀態的隨機性，我們會視這種狀態為「高資訊含量的狀態」。

(2) 建立資訊的秩序性

從宏觀的角度，資訊可以視為有序(order, Shannon, 1948)的系統，資訊的反面則是失序(disorder, Brooks, et al., 1988)的系統。大腦的資訊會隨時間累積一定的秩序性(Adami, et al., 2000; Brooks, et al., 1988)，讓我們作出有序的行為反應。

(3) 建立資訊的開放性

要避免出現資訊系統閉塞，個人必須對現實抱持開放態度，並積極面對和接納更大、更廣闊的現實，亦要對其他群組及信念保持開放態度。在大自然中，我們很少發現單向系統，在人與人的溝通過程中，我們可以創造出一個雙向的資訊空間。雙向的溝通，是將新資訊傳遞給另一人，並開放地接收另一人傳遞的資訊。而增加資訊，就是向另一人傳遞資訊，以減低另一人內心資訊的隨機性。在溝通過程中，我在你的內心被了解和被標示(specified)，並進入一個較高的資訊狀態；而同一時間，你也在我的內心被了解和被標示，並提升資訊系統的明確性。精神健康與保持資訊系統的開放性息息相關，如果大腦的資訊系統朝着愈來愈狹窄的方向進發，我們便須加倍留神。

3.4 作為思想模板的表徵

大腦是主觀經歷的舞台，大腦透過表徵，存取我們的主觀經歷。一個表徵猶如一個運算結構，它包含指定數量的向度（dimensions）；向度可以視為表徵的插槽（slots），這些插槽可以按情況被填滿，當插槽填上了不同的內容，便可以對主觀經歷作出表徵。表徵可以分為下列不同類別：

（1）按功能（functions）分類

表徵可以分為與感覺、行動、思維、語意、情感有關的表徵。

（2）按領域（domain）分類

表徵可指涉外在真實世界（empirically external world），也可指涉與身體或思想相關的內在事物。

（3）按結構（structure）分類

表徵可以按結構分為簡單表徵與複雜表徵、概念性表徵與非概念性表徵、黑白分明表徵與漸變表徵、類語言表徵與類意象表徵。

（4）按「運算結構」（computational structure）分類

表徵可以分為符號表徵與亞符號（sub-symbolic）表徵、經典（classical）表徵與連結主義（connectionist）表徵。

在任何時間裏，表徵都可以處於充滿（filled）或未充滿（unfilled）的狀態。未充滿的表徵屬於一個擁有多個特徵向度（feature dimensions）的模板（templates），它提供了內心的認知空間，用以處理出現的外界刺激。當表徵處於未充滿的狀態，它可以代表某一類別的客體（例如：小動物）。在一個已充滿的表徵，所有特徵向度都會利用個別例子進行標示（例如這是一隻兔子，同時也是一隻小動物）。一個未充滿的表徵可以透過與環境互動被充滿，持續的充滿可以為大腦建立模式（pattern）。

在表徵的過程中，當大腦發現特徵 A 的出現與特徵 B 的出現有關，大腦便會調整 A 與 B 的連結力度（connection weights），並將上述模式儲存於大腦中。高層次表徵往往建立在低層次表徵的基礎上。所謂低層次表徵，是指那些影像性、直接從感覺輸入的資訊，它們是漸變的數位（analogue variables），低層次表徵為合成的、類似語言的高層次表徵提供了基礎元件。而高層次表徵則經常採用命題式結構，並利用語意單元（semantic unit）作為信號。此外，高層次表徵也會利用內在的語意系統，建立交叉參照。

3.5 總結

人類大腦某些特徵，是在漫長的進化過程中，為了適應環境而逐漸形成的，大腦不斷吸收資訊，並不斷對資訊進行篩選，最後只剩下有用和可靠的資訊。一個健康的大腦資訊系統，除了具備一定明確性及秩序性，更重要的是具備開放性。精神健康與大腦資訊系統的明確性、秩序性及開放性息息相關。

此外，大腦透過表徵，讓外在環境的資訊變成內心的模板。當醫者替病者進行精神病理學的臨床對話，必須掌握主觀經歷在大腦資訊系統的表徵過程，重點是思考：病者的資訊系統是開放還是封閉？病者的資訊系統是否明確？會否因為表徵失序而出現思想混亂？表徵過程有否脫離真實？這些都是「同理表徵論」關注的重點。

4

主觀經歷的組成

為了讓讀者感受甚麼是「主觀經歷」，我們可以做一個有趣的體驗練習。請安排一處安靜的地方（可以是書房、圖書館或客廳）；如果找不到安靜的地方，也不打緊，可以在夜闌人靜或柔和燈光下，跟隨下列文字指引。

4.1 主觀經歷中的主體與客體

當你聚精會神閱讀這段文字時，這段文字便變成了你當下的「主觀經歷」；文字內容成了你的客體，而你成為了「主觀經歷」的主體。從一個更廣闊的角度，當你聚精會神閱讀這本書，聚焦於書中的文字內容，你會瞬間忘記自己拿着書；當你從文字中抽離，你又會感受到手中的書；你可能會察覺這是一本印刷精美的書，書便成為了你的「主觀經歷」的客體，書的內容卻漸漸變得印象模糊。

又假設你是位視障人士，正戴着眼鏡閱讀這本書，當你聚焦於書中內容，你會完全意識不到自己戴着眼鏡；但當鏡片弄髒了，你會意識到需要清潔鏡片，眼鏡又頓時成為你的客體。此外，當你把注意力重新投放到書的內容，並思考作者表達的意念，書的內容又瞬間成為客體。當我們專心閱讀書中文字，我們會感受到自己正跟作者在思想上交流，並進行內心對話；此刻，作者又變成了客體。

請讀者依然將全身放鬆，盡量不去留意周遭發生的事物，請感受一下自己的呼吸，並回歸到最基本的身體感覺。在當下，你的存在便只有你自己——你的身體、你的心靈空間，你成為了客體。

上述體驗練習讓我們認識到主觀自我（subjective self）的本質。主觀自我不是孤立存在的，主觀自我必然與其他客體連繫。

4.2 思維無時無刻指向客體

人類思維其中一個主要特徵，是無時無刻指向客體，並與客體建立關聯。因此，「主觀自我」其實可分為三部分：（1）我，作為主體；（2）覺察或意識；（3）作為客體的我。即使沒有其他人或佔據着主體意識，作為主體的我，也會意識到作為客體的我的存在。因此，現象學曾提出「我思，我在」（cogito, sum; I think, I am）的觀念，指出主體意識是一種「不用反思的肯定」（unreflective certainty）；在理性知識（rational knowledge）出現之前，主體意識已經存在（Husserl, 1913, 1921|1970; Brentano, 1874| 1973）。

4.3 主觀經歷的時間結構

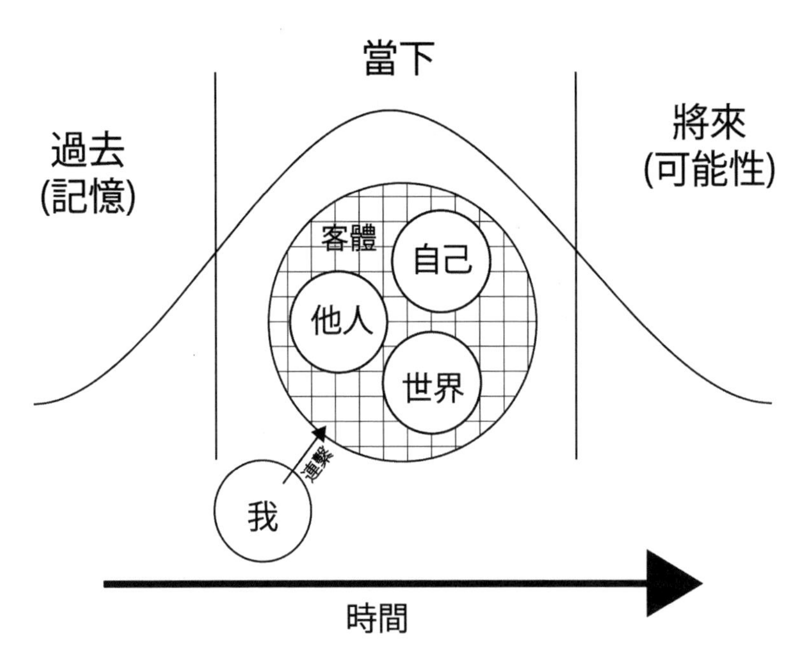

圖 4.1 主觀經歷的時間結構

「主觀經歷」也可視為一個由過去到未來的持續流動過程；過去、現在與將來，把生命的經歷編織一起，構成「主觀經歷之流」(stream of human experience)(參考圖 4.1)。人們所說的「意識流」(stream of consciousness (SOC))，正是由過去、現在與將來的經歷匯聚而成。人隨着時間不斷吸收資訊，讓生命更新及變得更豐盛。當人不再對新的資訊抱持開放態度，生命的時間流便會停頓下來，生命便會停止、不再成長。

古語有云：「過去的，已經不再」，「將來的，尚未出現」。過去與未來，是一種不存在的狀態。人的生命有限，終有一天會告別世界；我們的存在，只屬於過渡性質，這是我們必須接納的事實。人只有在當下（present moment）才全然存在；雖然當下可以往前或往後延伸，但個人只能在當下作出行動和選擇，這是人類存在的本質。

在日益繁忙的現代生活，人們的心思往往連繫於將來。縱使不斷籌劃未來，卻仍不斷擔心將來。傳統的智慧文化告訴我們，人應「活在當下」，而「活在當下」的生活模式，歷來更受到不少智慧傳統所推崇（Hnat Hanh, 1967; Sahn, 1976），例如近年興起的靜觀（mindfulness），便鼓勵大眾把心思專注於「當下」，不應緬懷「過去」或擔憂「未來」（Kabat-Zinn, 1990; Hnat Hanh, 1991）。「當下」才是「存在的頂峰」（height of being）。當我們把心思意念聚焦於「當下」，生命可以活得更豐盛。

4.4 總結

簡而言之，「主觀經歷」是一個意識過程，是一個在「時間中流動」（temporal sequence）的過程，也是一個「成為」（becoming）的過程（Stein, 1916|1970）。人從過去走到未來，並在時間中持續流動；但人只能夠在當下，才能作出行動和選擇。面對不可知的未來，有人選擇緬懷過去，有人選擇為未出現的未來而憂慮；但當我們專注於當下，其實可以活得更豐盛。如何經歷生命，往往取決於我們在「主觀經歷之流」居停的位置。

5

個體參與經歷中

在傳統精神病理學的評估中，個體常常被視為壓力或生活事件的被動接收者，而較少被賦予一個主動的角色，這種偏見大多緣自我們以狹窄的自然科學觀點來理解個體。「同理表徵論」有別於自然科學的視野，「同理表徵論」視個體為積極及主動的參與者，主體經常主動地與世界發生互動。此外，個體的生涯發展路徑，也可以視為一個隨時間實現及展露生命潛能的過程（Stein,1931|1998）。在這過程中，個體參與不同的生活領域，並與不同的生活領域發生互動。

5.1 生命介面

前文提到的現象學家史坦茵，她曾經提出「生命介面」（interface with life）的概念。史坦茵認為，個體按本身擁有的潛能，與不同的「生命介面」相遇（Stein 1931|1998）。史坦茵指出，當個體碰上不同「生命介面」以前，他其實已經蘊藏着不同的知識與潛能，這些知識與潛能以一種「潛在知識」（Intellectus possibilis）的方式存在。但潛藏的知識與潛能，唯有透過與不同「生命介面」相遇，才可逐步實現和被充滿（參考圖 5.1）。

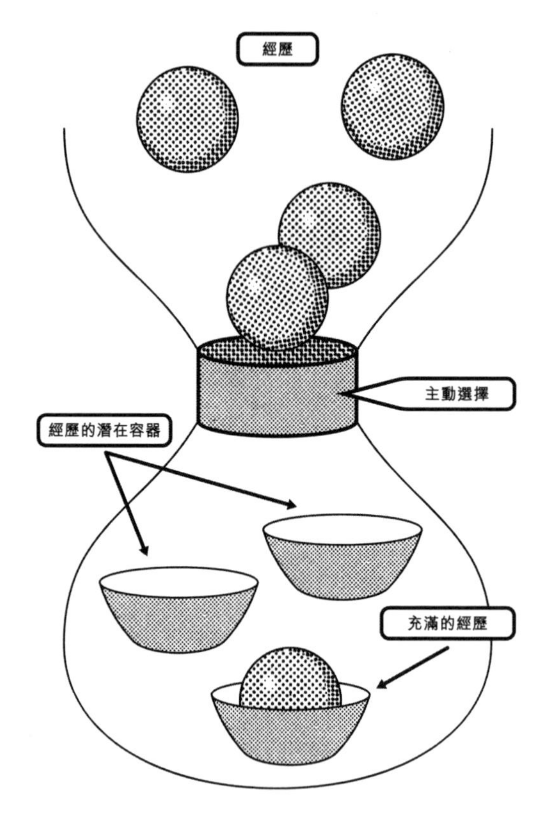

圖 5.1 個體參與經歷中

5.2 內化知識結構

在個體的生涯發展過程中，潛在知識會一步步轉化為內化知識，並建立起「內化知識結構」(habit structures)。這些「內化知識結構」，有助個體串連(cascades)起其他「生命介面」。當然，在「生命介面」充滿的過程中，有些人會選擇擁抱生活，尋求深度的生命體驗(例如詩人與藝術家)；另有一些人，他們卻選擇表面的生命參與，這些人的知識和潛能亦只會停留在潛伏狀態。

5.3 真誠生活

如果個體在各個「生命介面」只是表面參與，他的生命便欠缺「真誠生活」（Authencity）（Macquarrie, 1972）的向度。讓我舉一個故事為例，說明「真誠生活」的重要性。

很久以前，在一間茶館，茶館的老闆與一個年老尼姑進行了一段對話。茶館老闆向尼姑奉上優質的武夷岩茶葉，並注入沸水。茶館老闆對尼姑說：「泡出一杯好茶後，茶葉也完成了它的生命任務。」尼姑接着回答：「人其實應活得像這些茶葉一樣，可惜很多人沒有全面發揮他的潛能，這些人表面謙遜，其實對自身的潛能感覺麻木；另有一些人，被『缺乏自信』所影響，對發揮潛能裹足不前。人應當盡本分，盡情發揮他的潛能，好好利用上天賦予他的生命，不多也不少。」

尼姑的說話讓我們明白，實踐潛能不是一個道德責任，而是一個自然的發展過程，也是一種「真誠生活」的表現。

5.4 主動選擇

「同理表徵論」認為，縱使世界充斥着疾病與苦難，但個體仍可以主動作出選擇，決定是否參與生活世界的某些範疇。個體每一個選擇，都會讓個體的生活朝着某個方向發展。從這個角度看，每一個人都是一個藝術家；我們透過選擇，不斷創造自己的人生。

當我們與病者進行臨床對話時，不妨把焦點放在「主動選擇」的主題上，可以針對病者在生命歷程中作過的選擇，逐一進行詳細評估。

5.5 種子結構

生命中，那些擁有「種子結構」（seed structure）的經歷，對生命的影響最大，也特別重要。所謂擁有「種子結構」的經歷，是那些可以讓我們串連不同「生命介面」的經歷。

以書法為例，透過學習書法，我們可以掌握東方美學的一些高層次的審美觀，例如「動與靜」、「空與滿」和「柔與剛」，這些審美觀可以延伸至其他領域，例如音樂和詩詞；因此，書法可以視為擁有「種子結構」的經歷。在歐洲，古典拉丁語也曾發揮類似「種子結構」的功能，學習拉丁語，可以讓歐洲人將古典文化和歐洲世界觀互相串連。

5.6 知識模板

除此以外，個體是否能夠積極參與，也取決於「知識模板」的調適作用。當我們碰上新的經歷，大腦會透過「知識模板」，判斷經歷的重要性。新的經歷會與現存的「知識模板」發生互動，並進行互相調適。當新知識與舊知識的呼應程度愈高，新資訊對大腦產生的意義會愈大。當新知識與舊知識的呼應不足，大腦便難以理解新資訊的意義。

但相反的是，如果新資訊與現存的「知識模板」呼應程度過高，大腦便會視這些資訊為不具新穎性的資訊，甚至會視這些資訊為重複的資訊（例如大腦不會對每天上班和回家的路程產生深刻意義），這些經歷只會被大腦視為瑣碎的經歷。

5.7 具身化心靈

在中文的詞彙中，「體驗」這個詞包含了身體的部分。「體驗」就是「用身體去經驗」，個體是透過下列兩種方式體驗身體的：

（1）從第一身直接接收身體的感覺；

（2）從外在觀看，即從第三身體驗身體，並把自己的身體視為世界中一個客體（Card, 1998）。

當我們用手接觸和探索一件物件，我們的觸覺與手部的動作會融為一體。生活中大部分經歷，都是一種整全的經歷。我們的觸覺、動作與思想互相重疊，形成統一的複合感覺。因此，現象學提出了「具身化心靈」（embodied mind）的觀念，指出個體的一切經歷，都是透過身體領受的。簡言之，任何經歷都涉及身體，都是一種「具身化」經歷。

5.8 創意活動

此外，個體也會透過各種創意活動，對「物」（rerum）進行重新建構。雖然個體不能使物質無中生有，但個體仍可以為現存物質賦予新的形式，令物質變成擁有靈氣和生命力的成品。

在創意活動中，個體把資訊寄存於「物」中，並賦予「物」新的意義。筆者曾認識一個窯，這個窯中唐時期曾製造青瓷酒盞，充分體現創意活動的精神力量。這些中唐時期的酒盞，充滿粗獷的市井生活味道，並營造出一種放浪氣氛，好像隨時有酒客在酒興時砸碎物件似的。在青瓷酒盞的盞心，在淡綠的釉下彩上，匠人以豪邁奔放的風格用行草寫上「美酒」二字；這些青瓷酒盞都以唐代長沙地區的鬆土燒製而成。形狀上，這些酒盞屬於中晚唐流行的碗盞樣式：花口沿，窄玉壁圈足，並採用釉下彩的文字；精神上，這些青瓷酒盞盛載着1200年前窯匠的心聲，並反映出窯匠身處的生活世界的文化特色。難怪同時代的詩人李白，他曾賦詩：「花間一壺酒，獨酌無相親，舉杯邀明月，對影成三人。」而同代的書法家張旭，亦曾說：「善草書，好酒。每醉索筆揮灑，若有神助。」

據估計，在窯房進行書寫的匠人，極可能是安史之亂中從北方逃難到長沙的窯匠。這批書寫「美酒」二字的書法家，或許曾經歷安史之亂，在醉意之下揮筆大書，以抒發他們在亂世中避世之情。

5.9 擴散思維

當我們細心觀察一些曾受精神問題困擾的藝術家的作品（繪畫、詩歌或音樂創作），我們會發現精神疾病在這些藝術家的生命中留下的烙印。這些曾患病的藝術家，偏向採用大量重複的視覺細節，並呈現出造型上的困難（例如不合比例或行距過寬過窄等）。這些「認知特徵」（cognitive signatures），很可能是由疾病引起的，或與腦部出現的認知變化有關（Andreoli, 1996）。

當我們嘗試了解精神病患者的經歷，我們可以發揮創意，從不同角度理解精神病患的經歷；此外，在協助病者的康復過程中，我們也可以利用創意，幫助病者轉換情景脈絡，擴大關注範圍，以衍生各種可能性，實踐擴散思維（divergent thinking）的精神。

5.10 混合選擇模式

在日常生活中，「混合選擇模式」十分常見。「混合選擇模式」嘗試結合多種「被動選擇」，並透過結合舊有模組，塑造出各種新的組合模式。

就以日本茶道為例，當日本人進行茶會時，會在場景、道具、茶食、花藝、茶碗及書法的陳列上，作出重新組合，將茶會打造成獨一無二的體驗，這是日本茶道的「一期一會」精神，也是「混合選擇模式」的體現。

5.11 精神體驗

精神世界屬於非物質的領域，但與個體的內心緊密關聯 。一些被賦予生命的物件（例如：茶壺、筆或書），可以讓精神層面的東西寄存於精神世界中，並傳遞個人信息。就如一間居住很久的居所、一本反覆閱讀的書籍、一隻每天拿在手上的茶杯，都可以被賦與靈氣，傳遞個人信息。精神生活可以幫助我們擺脱對物質的過分依賴，獲得心靈的自由，並進入高層次的經歷。

5.12 完整經歷

當病者受到精神疾病的干擾，他的經歷空間會縮小，經歷中許多細微部分也會遭到刪剪（即特徵向度（feature dimensions）的減少）。在各種精神疾病中（例如情感障礙、思覺失調、失智症等），特徵向度不斷減少，這情況非常普遍。此外，人在壓力下，或受到精神困擾時，經歷的空間也會受到削弱。

靜觀（Mindfulness）練習的其中一個目的，是回復個體經歷的完整性；至於美感的「高峰經歷」（peak experience），也可以產生類似的效果。

5.13 總結

人生經歷豐盛與否，往往取決於個體在生活世界中的參與程度，太多或太少參與，都可能削弱人生經歷的豐富性。此外，缺乏人生方向，也會讓多姿多彩的生活變得沉悶和缺乏意義。個體的生涯發展路徑，不是按着預先決定的軌跡開展的；生命潛能會按着實際的發展需要，才漸漸展露。此外，當下作出的每一個選擇，都會對往後生命軌跡產生影響。總的來説，個體的發展歷程，可以視為個體透過選擇和創意行動，一手打造的藝術品。

6

透過同理心了解他人

「同理現象學」是史坦茵提出的，史坦茵是胡塞爾的首席研究助理，後來成為了加爾默羅隱修會的修女，尊稱聖十字德蘭本篤。史坦茵的貢獻，是將胡塞爾的現象學理論發揚光大，並創立「同理現象學」理論。

胡塞爾（Husserl, 1913, 1921|1970）曾指出，在日常生活中，我們的內心不停與「實徵外在客體」（empirically external objects, EEO）發生互動，這是主觀經歷的基礎；因為「實徵外在客體」是所有人共享的，所以我們有能力體會他人的內心世界（Stein, 1916|1970）。

而史坦茵則指出，透過「同理闡明」的過程，我們可以代入別人的主觀經歷中。史坦茵提醒我們，他人擁有身軀，我們也擁有身軀，並透過不同的眼睛和視覺系統，建立起彼此的視覺定位。他人的視覺定位與我們的視覺定位不同，但卻處於同一物理空間；因此，在同一物理空間中，同時容納了自身的「零點定位」（zero point of orientation）和他人的「零點定位」，透過同理心，我們可以存取另一人的「定位系統」（orientation system），並從他人的角度反思自己的立場（Stein, 1916|1970）。

由此可見，同理心不僅僅是一種態度，更涉及一連串複雜的心理過程，其中包括：

（1）感受對方的內心狀態；

（2）透過與對方互動進行探索；

（3）收集更多有關對方的有用資訊；

（4）把所有資訊作出整合。

6.1 鏡像神經元與同理心

近年腦神經科學對鏡像神經元的研究，也證實人類大腦擁有行使同理心的能力。已故心理學家 Lipps 指出，人類的大腦天生擁有機械模仿的傾向；當我們觀察他人的情緒表達或面部表情時，我們的大腦也會啟動與他人情緒表達相似的面部表情（Lipps, 1903）。而腦神經科學家 Meltzoff 也發現，當一個人的同理心被觸發，他會將別人的面部表情與自己的面部表情進行比較，以揣摩別人的感覺（Meltzoff et al., 1977, 1994）。近年大行其道的「心智化理論」亦進一步證實，人類天生擁有讀取他人意圖的能力，可以了解別人的信念、情感和想法。

6.2 內心對話與同理心

此外，我們也可以透過內心對話（inner speech），與真實世界中的他人（Others）進行溝通，從而同理他人。利用內心對話，我們可以讓「他者表徵」（representation of Others）在內心進行排練，這個模擬過程有助大腦針對他人的反應作出預測，大腦會透過比較預測及實驗結果（這些結果來自與他人的真實對話），以確定預測是否準確，是否需要作出修正（Bayer, & Glimcher, 2005; Corlett, et al., 2007; Holroyd, & Coles, 2002;

Schultz, 2007）。

6.3 語意網絡與同理心

其次，透過語意網絡，我們也可以彼此分享主觀經歷，縱使只有一方在場，而另一方沒有參與其中，後者仍可以透過語意網絡理解對方。語言是一種精密而複雜的表徵系統，語言中的語意概念有助我們在「語意地圖」（semantic map）中標示出事物的序列關係（ordinal relationship），例如：冷、熱、暖與冷的關係。透過字詞，我們可以與外在世界的實質物體建立連繫（例如：語意的「太陽」與真實的太陽）。最後，通過共享的語意網絡，人與人可以彼此分享主觀經歷，並建立同理理解。

6.4 同理心的限制

必須承認的是，同理心並不如知覺一般實在（concrete），同理心比較接近記憶（remembering）；記憶不是一種「初始現象」，記憶只是知覺的減弱版本。同理心接收的資訊，是一種「嵌入」（embedded）性質的內容；所謂「嵌入」，就是某些內容會與其他內容互相交疊。在臨床對話中，醫者透過病者「現在的我」，詢問病者的「過去經歷」；過程中，醫者只能透過病者對記憶的陳述，捕捉病者曾經歷的內心狀態。由此可見，同理過程是一種「非初始經歷」，每個個體都是一個獨立的個體，擁有自己的內心世界，亦擁有各自獨特的主觀經歷；主觀經歷是隱蔽的，我們並不能直接存取他人的經歷，我們只能透過想像和語意網絡，代入別人的經歷中。因此，同理過程始終具有一種「彷彿」（as if）的特質；但當我們承認人與人之間的距離，並願意接受同理心的限制，反而最能發揮同理心的實踐精神。

此外，我們對他人的理解，會受到自身經歷的影響。古代的東方智慧有云：「以小人之心度君子之腹。」除去這句話的道德含意，這句話反映出古人早已認識到，以自己的內心去了解他人的內心，往往存在一定局限性。畢竟我們不能以自己的一雙眼睛代入別人的視角；更多時候，我們是借助「從上而下」的知識，才能代入對方的處境之中。因此，醫者的人生經歷是否豐富？是否擁有一定的深度和闊度？這些因素都會影響醫者的同理心實踐。要成為一位擁有同理心的醫者，除了要累積臨床經驗，更需要與不同人士多接觸，以擴闊自己的視野；此外，多些關心時事，多參與文化活動，也會對建立同理心有幫助。

6.5 精神病況與同理心

雖然精神病況屬於個體的主觀經歷，但醫者仍可以藉着同理心及同理對話，並利用共享的語意網絡作為工具，了解和澄清病者的精神病況。這是一個將病者的主觀經歷「客體化」的過程；但大前提是，醫者必須對病者處身的社會文化及環境有廣泛的認識，才能有效和準確地理解病者的主觀經歷，並澄清精神病況對病者產生的個人意義。簡言之，這是一個將個體的主觀經歷變成個體的共享經歷的過程。

6.6 同理心與同理表述

臨床對話是一個兩個人相遇（encounter）的過程，在對話過程中，醫者必須容許病者「成為自己」：要真實地了解病者，醫者須對各種可能性保持開放態度，並容讓內心的表徵因相遇而改變。在面談過程中，醫者須不時發出信號，表示他明白和同情病者的分享；這種反饋可以透過簡單的「知悉溝通」（acknowledging communication）去表達，也可以採用明確的句子，向病者表達，我們稱這種表達方式為「同理表述」（empathic statements）。「同理表述」不用頻密地使用，可以針對特別的分享內容，才作出積極回應。「同理表述」可以是關於病者表達的事實內容，也可以反映溝通的情緒意涵（emotional implications）。「同理表述」的句子通常帶有不同程度的肯定，通常以「這聽起來好像」、「這感覺好像」、「這肯定」等片語開始。

臨床對話涉及表徵，當某些資訊不完整，醫者會利用情境脈絡資訊，填補理解的空隙；但如果醫者滲入太多「從上而下」的資訊，便會扭曲病者的真實經歷，更會被先入為主的印象蒙蔽。因此，作出「同理表述」時，對語句的肯定性應保持一定的敏感度，醫者應清楚分辨甚麼是「內在預期信息」（internally-anticipated information）？甚麼是「外在接收信息」（externally-received information）？哪些信息非常清晰？哪些信息仍有待確認？

6.7 總結

真正的同理心實踐，是容讓他人發出的信息，給自己的生命帶來改變。當我們進入同理心的實踐模式，我們會願意離開先前的內心狀態，將他人的內心狀態成為自己關注的焦點。所謂「同理闡明」，就是運用同理心去感受他人的內心狀態。「同理闡明」涉及溝通的調準，目的是拉近彼此對情況的理解。

同理心的實踐在其他醫療諮詢中可能並不重要，但在精神醫學中，同理心卻不可或缺，甚至是臨床對話是否成功的先決條件。

7

表徵作為主觀經歷的資訊載體

大部分人對事物的理解，只停留在物質層面，卻忘記了物質在大腦中，其實是以形式（form）的方式呈現。形式的重要性，在於它涉及經歷中資訊的部分。

相較沒有內容的物質，形式能夠在精神（spirit）領域中自存（Geistwesen, Hegel, 1807|1977）。以茶壺為例，在日常生活中，當我們提及茶壺，我們會視茶壺為一個物件，聚焦於茶壺的物質層面；可是，當陶匠製造茶壺時，他首先想到的卻是茶壺的形式，然後才以黏土打造實質的茶壺。在製作茶壺的過程中，首先浮現在陶匠的腦海的，是茶壺的形式及其相關元件，其中包括茶壺的手把、茶壺的蓋子、茶壺的壺嘴、茶壺的壼身等。每個元件都涉及一系列可充滿（filled）的表徵（例如壺咀可長可短、壺身可圓可方、腳座可高可低等）。此外，茶壺不同部位的關係，例如圓的壺身與圓的壺蓋、大的手柄與長的壺咀、壺咀的高度不可低過壺身的高度等，也會對茶壺的形式構成限制。簡單而言，茶壺是一個表徵系統，茶道是一個複雜的「超級表徵系統」（mega-representation），每個表徵選項都包含茶壺的各種資訊。

7.1 茶道作為超級表徵系統

在日本茶道，茶匠會按照不同氣節，採用不同的器具，並透過為不同元件進行表徵充滿（例如夏天採用夏天的茶粉罐），以標示獨特的茶道禮儀。在挑選茶道器物時，茶匠會按照不同的環境表徵（例如茶道主題、舉行的季節及賓客的類別等），挑選合適的茶具。總體而言，每一個篩選器物的程序，都反映出茶道禮儀的目的性和資訊性。

由此可見，茶道禮儀是一種複雜的「超級表徵系統」。甚麼是表徵？表徵是資訊的載體，表徵發揮接收、儲存和更新資訊的作用。在茶道的禮儀，茶道師會以特定的茶壺去款待賓客，並透過為各個表徵進行資訊充滿，將資訊的意義傳遞給席上的客人。此外，我們也可以視表徵為特徵模板（template），這些模板擁有多個特徵向度（dimensions），每個向度可以被不同的特徵充滿（Hinton, 1989）。

7.2 簡單表徵與複雜表徵

表徵大致可以分為簡單表徵與複雜表徵，我們透過簡單表徵直接與外在世界聯繫，簡單表徵盛載着我們每時每刻的細微感覺資訊（perceptual information），並涉及表達「是甚麼」（what）的命題（例如「甲是乙」），或涉及類別的標示（Zwaan, & Radvansky, 1998）。簡單表徵的資訊價值，往往取決於它標示的現象有多常見（例如：如果「乙」屬於常見現象，用作標示「乙」的句子便屬於多餘的表徵，並擁有較少的資訊價值；如「乙」屬於稀有現象，「甲是乙」這個簡單表徵便擁有較高的資訊價值。）至於複雜表徵，其作用則是標示複雜的處境狀況（states of affairs,

SOA)。由於人類的社交環境十分複雜，經常涉及不同群組的利益關係（Zwaan, & Radvansky, 1998），因此我們需要透過複雜表徵，處理複雜和矛盾的處境狀況。複雜表徵通常以一種命題式結構（propositional）呈現，以標示環境中可能出現的處境狀況（例如「甲」看見「乙」打「丙」）。

從動物身上，我們也可以發現複雜表徵（參考圖 7.1），當一群魚在水中暢泳，每一條魚都會處於自己獨特的位置，但牠仍可以與其他同伴保持某種距離。當水流出現變動，每一條魚都會跟隨水流變動，但與其牠同伴則保持行動一致（Pavlov, & Kasumyan, 2000）。魚兒能夠維持兩者的平衡，全賴複雜表徵發揮作用，複雜表徵將魚兒鎖定在某個環境目標上（即與其他魚兒保持同步位置），但也會根據環境狀況，進行個別簡單表徵的運算，並向身體發出動作指令（Hemelrijk, & Hildenbrandt, 2012），魚兒不會動作出錯，全憑整合簡單表徵與複雜表徵。

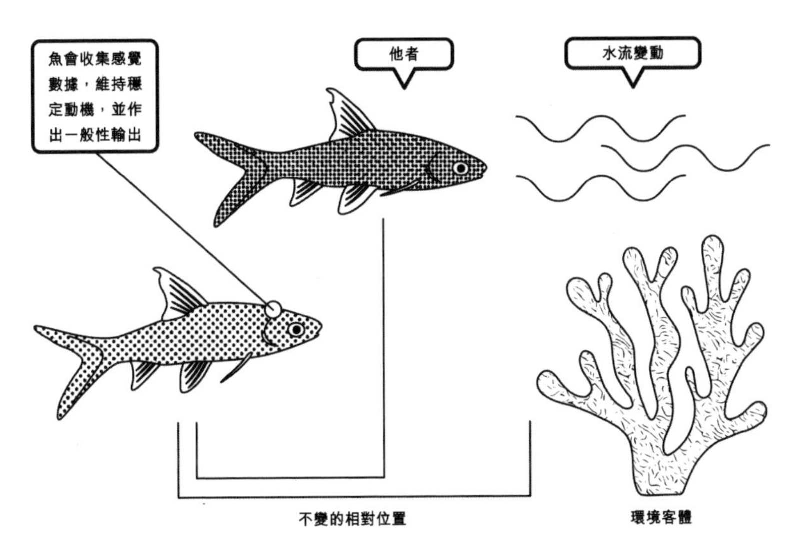

圖 7.1 魚暢泳時會自動計算錯誤作為目標

7.3 一般表徵與個別表徵

表徵除了分為簡單表徵與複雜表徵，也可以分一般表徵與個別表徵。古代的中國哲學家公孫龍，約公元前 300 年，便以「白馬論」討論一般表徵與個別表徵的議題（Fung, 1958）（參考圖 7.2）。公孫龍指出，當我們看到白馬，我們會同一時間經歷「白馬」表徵與「馬」的表徵。我們看到的白馬，除了指眼前出現的某隻白馬，更代表表徵之間的交匯（即「馬的特質」（horseness）的一般表徵與「白色特質」（whiteness）的個別表徵的交匯）。公孫龍提出，「馬」屬於一般表徵，它不涉及顏色，而且有別於「白馬」的個別表徵；而「馬」這個一般表徵，卻指實物的馬，並不會標明馬是甚麼顏色的。公孫龍的「白馬論」為一般表徵與個別表徵釐定清晰的界線。

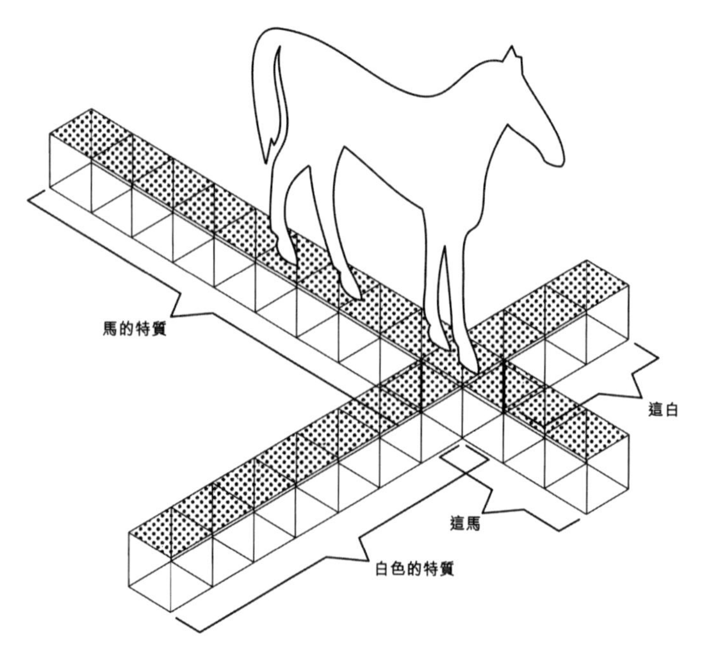

圖 7.2「這白馬」啟動「白色的特質」與「馬的特質」表徵

7.4 表徵的類別

大腦從生活經歷中一步步建立表徵，而表徵大致可分為下列類別，包括：自我表徵（self representation）、他者表徵（other representation）、半自主表徵（semi-autonomous representations）、身體表徵（body representation）、近端環境表徵（proximal habitat representation）、遠端環境表徵（distal external world representation）、造物主表徵（Divine-representation）、群組表徵（group representation）、時間表徵（time-representation）、動機價值表徵（motivation and value representation）、語意表徵（semantic representation）及表徵網絡（representation network）等。下文會針對各種表徵進行詳細討論。

(1) 自我表徵

自我表徵涉及為個人經歷、個人感覺和個人行動建立的表徵。自我表徵涉及對自我的第三身（third-person）的覺察，即覺察「我」與世上其他人一樣，處身於外在世界。自我表徵大約在嬰孩出生後第二年出現，在人類擁有語言能力以前，基本的自我表徵已經存在。而自我表徵的基礎，則建立在人與人之間的「共同關注」（joint-attention）之上（Tomasello, & Call, 1997）。在兒童探索世界的過程中，兒童學會指向（即「指涉」（refer））環境中的某個對象，並邀請母親共同注視。當兒童進入下一個成長階段，他會察覺自己也是受注意的對象，這為兒童開啟了另一種觀察事物的角度，就是從第三身的角度對自己進行思考。當兒童進入成熟階段，他會把第一身經歷和第三身角度整合，形成初步的自我覺察，這種覺察是主體意識（agency）產生的基礎（David et al., 2008; Synofzik et al., 2009; Hohwy, 2007; Gallagher,

2000; Northoff, et al., 2006; Haggard, Clark, & Kalogeras, 2002）。簡言之，自我表徵建基於個體對自我及主體意識的覺察。

（2）他者表徵

除了自我表徵外，他者表徵也是主體意識參考的對象（Schneider et al., 2008）。不同的表徵擁有不同的鄰近程度，與自我距離較近的自我表徵，會比較容易受主體意識所控制。但他者表徵卻不是自我可以預測和控制的，要為他者建立他者表徵，這會耗費大腦的資源，對某些人也會造成一定困擾，在思覺失調患者身上尤為明顯（van Buuren et al., 2012）。

（3）半自主表徵

在小說中，我們經常發現「半自主表徵」的痕跡，當小說家採用「半自主表徵」進行寫作時，他不會按照預定的情節發展故事，而是賦予小說角色一定的「自主性」，讓角色擁有自己的思想和行動，可以影響故事的推展和結局。以「半自主表徵」這種方式進行寫作，作家必須對劇情發展保持開放態度，才能給自己和讀者帶來驚喜。一些存在主義學家指出，當我們視他者低於自己，便屬於一種「不真誠」（existential inauthenticity）的表現（Macquarrie, 1972; Buber, 1925|1937）。由此可見，把他者視為一個完整的人，為他者建立「半自主表徵」，會有助標示他者的複雜性（complexity）（Lewis, 2002），也是接待別人應有的態度。

（4）身體表徵

「身體表徵」與大腦內的身體圖式（body schema）息息相關。行動會產生身體感覺，當感覺進入大腦，便會一步步形成「身體表徵」。「身體表徵」來自第一身的身體經歷，其中包括：

關節位置（joint positions）、內臟感覺（visceral sensations）及觸感（touch）等（Damasio, 1996; Vogeley, & Fink, 2003），也涉及大腦的頂葉皮質（parietal cortex）。「身體表徵」是我們體驗物質世界的基礎，「身體表徵」有助我們建立經歷的模型（例如身處的空間模型）。透過這些模型，大腦可以建構抽象經歷的表徵（例如時間方向與時間長度的表徵）（Lakoff, 2012; Johnson & Lakoff, 2002）。此外，身體表徵在建構語意概念及實踐同理心方面，亦扮演着重要角色；而兩者的關係，亦愈來愈受到認知語言學家及腦神經科學家所重視（Damasio, 1994; Carruthers, 2007）。

（5）近端環境表徵

「近端環境表徵」，是指為鄰近的實體環境（physical proximity）（例如個人空間、家居與飾物）建立表徵。「近端環境表徵」與近端環境連繫的資訊（informational proximity）息息相關。在我們居住和管理的環境，我們會透過個人選擇，建立近端環境表徵。近端環境其中一個重要分區（compartment），是我們經常攜帶的個人物品。某些個人物品對個人來説別具意義。物品的物質層面其實並不重要，重要的是物品所表彰的「形式」。

「近端環境表徵」一個突出的例子，是古代文人的書齋。書齋重要之處，不是書齋的物質層面，而是書齋蘊含的精神資訊。古代很多書齋都屬於虛擬的，只存在於學者的思想或詩詞中（Lee, & Brand, 2010）。除了書齋，宋代的隨身粉盒也是「近端環境表徵」的重要示範。兩宋的隨身粉盒，小巧玲瓏，晶瑩可愛，大多產自江西景德鎮饒州窯及吉州窯。粉盒通常是圓形的，盒蓋只有一個位置可以緊扣，並能緊密地蓋在盒身之上。盒蓋和盒身塗上了晶瑩通透的彩釉，底部常露胎，印有或刻有製造商的字號，如「汪家盒子記」；盒子極小，可以在手掌上摩挲。隨身粉盒多用於盛載化妝用粉底，或小量香粉，以供仕女隨時補妝，也用作攜帶香藥。隨身粉盒的盒面刻有印花，盒子內亦有精緻的堆花，呈現立體花果枝葉形狀，是一個適合隨身把玩之物。這些可愛的小香盒，在兩宋已經十分盛行。隨身粉盒除了可以發揮藥用功能，更有排汗除臭作用。

此外，與「近端環境表徵」相關的物品，一般都具有「個人化」（personalization）的特質。以遠古的習俗為例，當古人埋葬死者時，會同時埋下他的個人物品，這些物品可以呈現和表達死者的個性。這些習俗源遠流長，個人物品中有玉、印、金銀幣、十字架、念珠和護身符等。

（6）遠端環境表徵

至於「遠端環境表徵」，則是指為遠端環境建立表徵，遠端環境是指我們身處的外在世界，外在世界除了包括物理與地理向度，更擁有社會、語意與資訊向度。在當代人的生活中，數碼客體（digital objects）佔據遠端環境一個很大的部分，數碼活動的基礎是微型矽片，一旦安裝了微型矽片，便可供數以百萬計的用家同時使用（例如瀏覽網站）。由於數碼客體價格便宜，亦容易大量複製，在過去數十年，我們目睹人類生活被大量數碼客體佔據，很少活動不涉及數碼客體。

此外，過去只屬於遠端環境的東西（例如遙遠的風景），現在可以透過數碼渠道獲得（這些內容過去只能透過近端環境提供），由於數碼客體容易大量複製，分享資訊的成本十分便宜，導致遠端環境充斥着不少沒有價值的數碼資訊，這些資訊大部分屬於瑣碎和可預測的資訊，沒有甚麼驚喜可言。

當數碼客體愈來愈普及，知識便變得平民化和民主化（democratization），人們在線上平台不但容易獲得知識，也可以廣泛表達個人意見。從前的世界，知識是學術機構的專利品（例如透過大學傳授知識），並由專業人員擔當知識的把關人；但進入數碼世代，人們可以親自在互聯網接觸各式各樣的資訊，於是湧現了一大堆五花八門的意見領袖，某程度取代了傳統的專家。

簡單地說，數碼客體徹底地改變了我們對遠端環境的理解。今天，瘋狂上網已經成為見怪不怪的現象，人們不停地以數碼客體填滿自己的時間空檔，以前給予大腦休息的過渡時刻（time gaps），現在卻被數碼客體佔據，留給思考生命和自我反省的時間卻愈來愈少。遠端環境的數碼化，對人類的精神健康構成了巨大的挑戰，大腦需要對數碼客體與真實物質客體進行分割追蹤及表徵，這對大腦的運算構成負荷。如果表徵過程失效，數碼世界與真實物質世界便會出現混淆。此外，數碼客體的互動非常單一（uni-modal），所有工作與娛樂都在細小的螢幕進行，卻欠缺不同感覺模組（例如視覺、聽覺、嗅覺、觸覺及味覺）的參與。表徵向度的減少，改變了人類的表徵模式，當體驗不再與身體連繫（即「具身化」），體驗便會淪為淺薄的認知，「遠端環境表徵」也會偏向單一。

（7）造物主表徵

造物主表徵涉及生命意義的追尋，造物主表徵在人類文化中，屬於普世現象。不同宗教信仰反映，人類普遍渴望掌握生命的意義，並渴望與生命的源頭建立連繫。人類會利用各種與神聖相關的概念（例如創造者、權能、知識、宏大、人類價值的中保、大愛等）建立造物主表徵。歷史告訴我們，人類不斷嘗試掌

握造物主表徵，卻甚少出現成功的例子。要與造物主建立關聯，有學者認為，人類必須立足受造物（creaturely）的位置（Pryzwara, 2014; Stein, 1916|1970），並承認人類表徵能力的不足，才能與造物主相遇。其中一種方法是從啟示（Revelation）的角度，建立造物主表徵，我們可以把自己視為客體，將主動權向造物主拱手相讓，只站在接收者的位置。著名神學家卡爾・巴特（Karl Barth）說過，我們可以把自己定位為接收者，只按照造物主的「啟示」接收資訊（Barth, 1957/1961）。基督宗教信仰也對造物主表徵提出獨到的見解，基督宗教信仰採用「人」的表徵代表造物主，這種表徵方式有助人類以實際方式（tangible manner）與造物主建立聯繫，並讓「人」從生物與語意的孤獨存在中，與造物主建立連繫。可惜的是，造物主表徵在當代文化往往受到忽視，亦乏人關心，但造物主表徵對了解人類的存在意義，其實十分重要，造物主表徵為人類的存在價值建立脈絡（context），對個體建立穩定的精神健康十分重要。

（8）群組表徵

在日常生活中，有些群組是我們直接接觸的，有些群組則沒有直接連繫。我們通常只可以透過推論（inferences）和演繹（deductions）建立群組表徵。由於建立群組表徵的過程，通常涉及大量推論與演繹，因此會耗用大腦資源。大腦皮層的容量十分有限（Dunbar, 1996），當大腦面對理解的限制時，或會「鋌而走險」，作出大膽的推論；在精神分裂患者身上出現的第三人幻覺，往往涉及群組表徵的錯誤詮釋，這與大腦「鋌而走險」可能有關。

(9) 時間表徵

人類的主觀經歷與時間流動密不可分，因此思維的基本結構也涉及時間表徵的向度。當大腦對時間進行表徵，它會將過去與未來分開處理。針對未來的表徵，大腦會啟動機率認知與行動兩個過程。機率認知是大腦思考未來不可或缺的一部分，涉及對數個通往未來的故事線的追蹤。此外，如何將過去表徵與未來表徵作出匯合，往往取決於個體當下的感覺與行動。

(10) 動機價值表徵

動機價值表徵屬於高層次、高向度（high-dimensional）的表徵，動機價值表徵是指在幾個可能的表徵選項中，促發最期待出現的思想狀態（SOM）；大腦會依據渴望的程度，對可能的表徵選項進行計算，並引導外在狀態朝着渴望的方向前進。當行動被啟動，大腦亦會對「行動—感覺」的思想狀態（AP SOM）進行持續監控，以滿足動機價值表徵的要求。

(11) 語意網絡

日常生活中使用的語言，其實也是一種表徵系統。在語意網絡中，概念和符號會指向某個外在對象，這些指涉對象（referents）為概念和符號賦予意義，當數個概念連繫一起，並建立起語意網絡，每個概念便可以從語意網絡中獲得意義。在我們的大腦中，當一個表徵被啟動，它同時會啟動相關的表徵框架(例如白馬會啟動馬、白、動物、顏色、活物等其他表徵)。在臨床工作中，如果我們要全面了解病者的內心世界，便須掌握病者說話時連繫的其他表徵；特別在臨床對話中，病者的表徵框架呈現的「特徵」向度可能並不完整，需要醫者加以引導，並發掘其中隱藏的「語意角落」，才可以全面理解病者的內心世界（關於「語意角落」，請參考第九章）。

(12) 表徵網絡

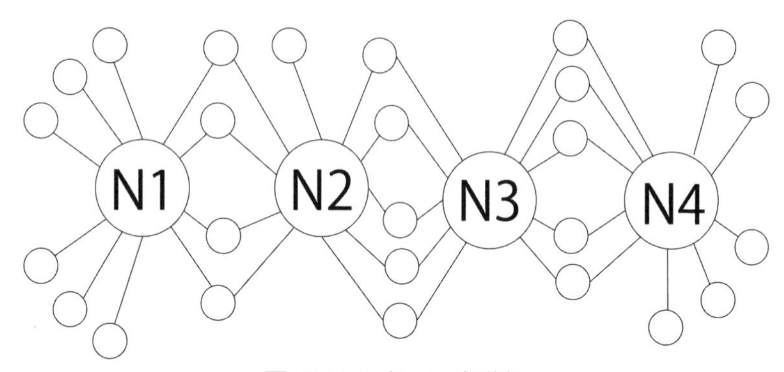

圖 7.3 N1 與 N2 的聯繫

表徵不是靜態的東西，表徵與表徵之間彼此連繫，構成一個動態的表徵網絡。當一個表徵被啟動，它會由一個節點（node）喚起另一個節點，節點與節點之間會互相呼應，組成動態的表徵網絡。表徵網絡包含一系列表徵（N1…Nn），每個表徵（N1, N2…Nn）與網絡中特定的一系列表徵建立了連繫（link N1…n）。N1、N2、N3、N4 代表不同的表徵，N1、N2、N3、N4 的意義來自它們與其他表徵建立的連繫。假設 N1 與某一系列的表徵（linked N1）連繫，而 N2 則與不同系列但部分重複的表徵連繫；當 N1 被啟動，下一刻 N2 也會同時被啟動（co-activation）。N1 與 N2 的連繫，會產生混合的意義；其意義會大於 N1 與 N2 分開的意義，並會對 N3 的啟動產生決定性影響。簡言之，表徵模型反映出先前的內心狀態，會對現在的內心狀態產生影響。

7.5 總結

大腦透過表徵網絡建立起對世界的認知，大腦透過建立表徵及建立表徵的連繫，加深對世界的認識和掌握。表徵不是獨立的東西，表徵彼此連繫，形成表徵網絡，並發揮雙向的意義作用（Deacon, 1997）。一個表徵只有與其他表徵建立連繫，才能被賦予意義。表徵也可以交叉地互相支持，塑造出新的意義。

在某些處況下（例如壓力或受精神障礙影響），表徵空間會被削弱，以致個體只能集中某幾個表徵，於是對事物產生刻板印象，給他人貼上「他們」（them）或「我們」（us）的標籤，或把人分為「群組內」（ingorup）或「群組外」（outgroup）的成員。很多群組衝突的發生，很可能與表徵空間被削弱有關；當表徵空間出現嚴重偏差與扭曲，對精神健康會構成不利影響。精神分裂患者出現的妄想與幻覺，亦可能與表徵空間收窄有關。

8

精神病理學的大腦發展觀點

當大腦進入了關鍵階段（critical period），表徵系統便會逐步成形（Rovee-Collier, 1995）。在早年的關鍵階段，大腦會先建立基本的表徵（例如音素（phoneme）、詞彙（lexical items）等）（Cheour et al., 1998）。這些基本的表徵，會成為日後複雜表徵（例如語法（syntax）、社交圖式（social schema））的元件（Dewitt, & Rauschecker, 2012）。大腦會跟隨發展時窗，為不同認知領域進行設定，以建立常規性（Steinberg, 2005）。當一個階段結束，大腦便會進入另一階段，發展下一個領域。

當踏入青春期，大腦中大部分感覺表徵（perceptual representations，例如音素）已奠下基礎，但複雜表徵則會在較遲的「發展時窗」才發展起來（例如語法的發展，便需時 17 年或以上）（Lenneberg, 1967; Hartshorne et al., 2018; Slabakova, 2006）。

一個成熟的大腦，有如一個由多個專門團隊組成的龐大組織，這個龐大而複雜的組織，由早期細小、尚未定型的單位演變而成。在龐大機構仍未發展起來的階段，這種小組結構有利於成員與成員間彼此溝通，並讓每個成員能夠參與每一項任務。當機構進入成熟階段，透過重組，部分組員擁有了固定和專門的角色，小組與小組間的連繫便逐步減少，每個部門只會聚焦於某些專門的功能。其後的結構改動，亦只會圍繞細節進行，基本結構不會出現重大改變。

上述歷程也發生在大腦的發展過程中，我們稱這個重要過程為突觸修剪（synaptic pruning）過程。

8.1 大腦的突觸修剪過程

在突觸修剪的過程中，大腦會除去那些不常用的連接，令大腦功能趨向專門化（specificity）；隨着突觸修剪的發生，大腦的中間神經元系統（interneuron systems）亦會漸趨成熟。中間神經元系統對情緒與行為具一定抑制作用。突觸修剪有助高層次表徵的建立（例如社交行為的計算），並讓大腦進入長期的穩定狀態（Crews, He, & Hodge, 2007）。

當大腦進入成年階段，神經網絡便不會再進行大規模重組，只會進行小規模增補和修訂。

突觸修剪可說是一把兩刃刀，突觸修剪一方面提升了大腦的運作效率，但另一方面卻令大腦系統失去多能性（pluripotency）及補償失能元件的能力。有學者指出，青春期晚期發生的突觸修剪，可能是青年人出現精神障礙（例如：思覺失調、躁鬱症）的主要啟動過程（McGlashan, & Hoffman, 2000）。

總括而言，突觸修剪讓大腦朝着下列方向發展：由童年階段的高潛能（有能力發展多種可能）但處於低效率狀態，進入成年階段的高效率但低潛能狀態（Chechik, et al., 1998; Craik, & Bialystok, 2006, Hiratani, & Fukai, 2015）。

8.2 進化穩定環境的改變

除了突觸修剪，「進化穩定環境」（Evolutionary Stable Environment（ESS））出現的變化，亦與精神障礙息息相關。原先大腦的設計，是讓年輕人在童年階段進行高速學習，進入成年期，年輕人便可以全面投入原始環境，跟隨集體進行狩獵和採集。但在過去 10,000 年，人類的生存環境出現了急劇變化；年輕人經歷青春期之後，生命仍然充滿變數，發展階段往往向後延伸，青春期橫跨成年期一段很長的時間（Arnett, 2000）。在這漫長的青春期，青年人需要學習和掌握複雜的社會文化圖式（schemata），當社會變得愈來愈複雜，大腦便需要建立更多內在表徵，以適應不同的生活處境。一些適應能力較弱的兒童或青年，他們的大腦網絡可能難以適應這種不斷轉變的生存環境，他們只懂跟隨刻板模式（依賴最初選定的連接網絡）運作；即使現有的表徵不是最佳選擇，大腦網絡仍然把這些表徵生硬地套用於新的環境，於是建立了脆弱的表徵系統。當個體面對重大的壓力事件與挑戰，表徵系統便有可能出現不勝負荷，並出現各種失調現象（例如思覺失調、情感障礙等）。

個別脆弱的個體，面對這階段出現的大腦變化，往往暴露出他們先天或後天對外來干擾所缺乏的緩衝能力（neural buffering capacity）。一些發展問題（例如學習障礙、自閉症、高階語言失效等），都會削弱個體的發展和適應能力。綜合智力（general intelligence）對大腦的發展很重要，要建立意念的認知免疫（cognitive immunity）能力，個體需要擁有一定的綜合智力，綜合智力可以為某些生命混亂的情況提供解決資源；相反地，當大腦沒能力發揮心智的補償作用，便會出現精神障礙的危機。

由此可見，進化穩定環境的改變，對不少兒童及年輕人帶來極大挑戰，一些發展問題，會削弱個體的發展和適應能力。適應能力較低的大腦網絡，往往難以容納新的變化（new variations）及進行細緻化（refinements）。這種粗疏的表徵系統，往往建基於簡單和鬆散的表徵配對，可能為後期的精神障礙埋下病變的種子。

8.3 大腦處理資訊的過程

大腦是一部精密的資訊處理系統，對大腦如何處理資訊加深認識，有助我們了解各種精神障礙出現的伏線。下文會介紹大腦處理資訊的各個程序：

（1）解拆與分析

當大腦將接收資訊，會把資訊解析（parsing）為前景資訊和情景脈絡資訊兩個類別（Goldstein,1939），大腦透過複雜的比較過程，解拆前景資訊與情境脈絡資訊，並識別出哪些屬於穩定不變的情景脈絡資訊，哪些屬於獨特和特殊的前景資訊。透過多重的比較，大腦可以從大量資訊中分辨出哪些資訊屬於資訊模組單元（modular units of information），並抽取經常出現的常規，以辨認重要的表徵。

舉例說，當大腦從環境中接收到聲音，聽覺系統便會針對聲音進行聽覺場景分析（auditory scene analysis，Bregman, 1990），這個過程會把複合聽覺輸入的內容，解拆成為不同的聲音流；例如把空調的背景噪音放入一條音流，把另一座大廈發出的間歇敲擊聲放進另一條音流。大腦也會把人發出的聲音作進一步的解拆，把人聲分為基礎聲音（即人聲的指定音域）及音素，大腦接着會進行反向操作（reverse engineered），較穩定的背景元件（background components）會被大腦視為結構性模板，與可變的、個人化的前景元件（foreground components）分開處理，並藉着反向操作，大腦可以成功辨認獨特和特殊的表徵。

（2）資訊鞏固

我們對事物的記憶，並非直接在大腦皮層（cortex）儲存，而是經過一個中間狀態，才轉換為長期記憶。當大腦接收資訊，資訊內容會暫時處於緩衝（in buffer）狀態，大腦一方面會與新輸入的資訊進行互動，另一方面也會與現有記憶進行互動，最終達成一致的表徵，才變成穩定的長期記憶，並在大腦皮層中儲存（Bliss, & Lomo, 1973; Malenka, & Bear, 2004）。

在這個表徵鞏固過程中，海馬體（hippocampus）扮演了重要的角色（Miller, 1991; Squire, 1987; Rolls, 1989）。由於記憶的鞏固過程，大多在睡眠或做夢狀態中發生，不會在醒覺狀態中進行（Paller, & Voss, 2004; Wamsley, 2014），因此長期失眠會阻礙「資訊鞏固」過程，並會對個體的精神健康產生負面影響 。

（3）鎖定與釋放

鎖定（clamped）與釋放（freed）是指大腦在探索外在環境過程中，會根據每次一個表徵向度的原則進行學習，並一步步建構表徵模型。這過程涉及鎖定大部分表徵向度，只容許一個表徵向度處於釋放狀態；釋放的表徵向度會展現系統性差異，並產生不同的反應；當大腦掌握了一個表徵向度，便會向另一表徵向度進行探索，這方法類似控制實證研究（controlled empirical studies）

的探索模式。但鎖定與釋放，只適用於對被動世界進行探索（即博奕理論中的「一人博奕」（one-person game）（Colman, 2013）），而人類的社交大多涉及多個動機主體（intentional agents），因此需要採用不同的探索模式（Colman, 2013）。

（4）滿足條件限制

滿足條件限制（constraint satisfaction）涉及兩個基本元素，即外在情況及內在儲存常規。我們可以利用下列程式理解滿足條件限制的運作：客體（A與B）+運算（總和）=滿足條件限制（A+B）。程式中，客體A和客體B可以是任何語意客體（semantic objects）；滿足條件限制的操作目的，是讓客體A和客體B的一致性逐步得到改善（Rumelhart, D. E. et al., 1987b）。滿足條件限制的常見例子包括：聚斂思維（convergent thinking）與擴散思維（divergent thinking），大腦透過滿足條件限制的操作原則，因應外在情況，一步一步朝着擴散思維（帶來更多解決方案）或聚斂思維（帶來更少解決方案）進發。

（5）能量圖景

能量圖景由多個點子組成，每個點子代表不同的能量狀態，由於表徵會隨時間改變，影響所及，能量圖景也會出現變化。某些點子會聚結一起，形成能量的下行通道；當找到解決方案，能量水平便會降至最低水平。能量水平反映表徵在某個時刻的良好適配（goodness-of-fit），大腦每時每刻都會對能量圖景進行監控，以評估外在情況及內在儲存常規的適配度（Amit, 1989）。

(6) 突顯系統

大腦亦會透過突顯系統（salience systems）監控網絡運算的結果，突顯系統有能力偵測離開常規的反應誤差，讓大腦學習「忽視」可預計的常規反應，並留意那些不可預計的突顯刺激（salient stimuli）（Smith, et al., 2011; Schacter et al., 2007）。大腦會根據此刻環境（ENV）呈現的樣式，在短期記憶（STM）中進行編碼，並作出相應的預測（STM prediction）。此外，大腦也會參考長期記憶（LTM）提供的資訊（對世界的知識），作出預測（LTM prediction），這些常規性預測，塑造出一個預期中的思想狀態與世界狀態。

(7) 放大

所謂放大，是指當大腦對環境進行探索時，如果涉及的表徵向度眾多，大腦會採取後退一步的策略，採納更為廣泛的表徵選項，這種放大的表徵模式，涉及條件限制空間的擴闊。

當我們進行創意活動時，大腦很多時會利用放大這種策略，考慮從前不會考慮的情景脈絡，最後才聚焦於幾個解決問題的方案，橫向思考（lateral thinking，de Bono, 1970）、擴散性思考（divergent thinking，Hocevar, 1980）、幽默感覺（humour perception，Suls, 1983; Forabosco, 1992）及雙向聯結（bi-ssociation，Koestler, 1964）都是其中一些例子。

8.4 總結

相較其他物種，人類經歷一段比較長的後天學習階段，才進入成年階段；在這個學習階段，大腦會累積大量資訊，其中包括對基本語言的掌握和概念的演繹。人類與動物不同，大部分動物天生已經被賦予某種固定的行為模式，但人類的行為模式往往具有一定彈性，不是以硬性連線的方式在大腦中建立。這種適應性的學習，有助人類適應文化環境急速的變化。

當個體進入青春期，個體的大腦會經歷突觸修剪過程，驅使大腦的中間神經元系統趨向成熟；當大腦進入成年階段，大腦便不會再作出重大改變。可惜的是，大腦的表徵結構及適配性可能與今日的社會環境出現嚴重落差的問題。此外，個人早期的不利發展因素，更會導致大腦出現廣泛的脆弱性；當個體進入成熟期，大腦在重構模型的過程中，便有機會出現失調現象。很多精神障礙都在青年期發病，據估計多於四分三的精神障礙在 25 歲前發生，其中包括思覺失調、情緒失調、衝動控制失調、上癮等，這些不同的精神障礙，都與大腦的突觸修剪或大腦未能適應今日的生存環境有關。

9

內心表徵失效與病理

「同理表徵論」聚焦於內心表徵，並指出內心表徵是理解內心如何處理資訊的關鍵。「同理表徵論」也提供解釋理論，剖析表徵失衡如何產生各種精神問題。此外，「同理表徵論」更為現象學理論、認知理論及進化論，提供了整合模型。現象學建議，當我們嘗試了解主觀經歷時，應盡量採用簡約的表徵理念。而認知理論則指出，在社交中，個體會採用語言結構去建立複雜的處境模型。而進化論則提醒我們，當我們利用內心表徵去處理資訊時，同時會受到大腦生物進化的限制。「同理表徵論」綜合上述各種理論，並扼要地指出，精神病理過程與資訊處理失衡息息相關。「同理表徵論」嘗試把各種主要精神病理失衡現象重組，並提出一種嶄新的精神病理學分類方法，這個新的分類系統有別於傳統的精神病理學分類。

妄想便是一個好例子，傳統的精神病理學會視妄想為一種「思想內容的失調」，並按照妄想內容將妄想進行分類，例如迫害妄想、自大妄想、指涉妄想等。此外，傳統的精神病理學會將精神病徵分為「正性症狀」與「負性症狀」。一般來說，「負性病徵」是指運作機制出現功能受損，但「同理表徵論」指出，大多數精神障礙涉及的是「正性症狀」，而「正性症狀」屬於一種從無到有的現象。「同理表徵論」從「內心表徵」失效的角度，提供出現「正性症狀」的合理解釋。「同理表徵論」提出了不同的解釋框架，強調不同類別的內心表徵失效，都可以引致「正性病徵」的出現，主要類別包括：（1）異常表徵：（2）鎖定失衡；（3）同步失衡；（4）關聯失衡；（5）反差處理失衡；（6）從上而下處理偏誤；（7）系統突變；（8）碎念；（9）語意角落等。

9.1 異常表徵

異常表徵的學名是「偽吸引子」（spurious attractor），指一些從未在大腦網絡出現的異常表徵。這些新的樣式（pattern），並不遵從先前的環境規律，所以無法與記憶中的樣式作出配對。當大腦網絡進行某些運算，偽吸引子便會自動出現，並凝聚為全新（de novo）樣式。偽吸引子可以視為一種新表徵，這種表徵過去從未碰見，甚至可能違反過往遵從的常規。

當大腦網絡的記憶容量超出負荷，但需進行運算，「偽吸引子」便有可能出現。進化論指出，大腦的記憶容量並非無限，當大腦的運算系統超過記憶負荷，便會導致「偽吸引子」的出現。大腦運算系統中的「偽吸引子」現象，與妄想的形成過程十分相似（Amit, 1989; Hoffman, & McGlashan, 1993; Chen, 1994, 1995）。

舉例説，當大腦嘗試為人際處境建立「心智理論」及「內心社區」，這些複雜的表徵運算往往超出大腦的認知負荷，畢竟在我們的實際生活中，「心智理論」往往不可能被完全證實，需要建構多個可能性，才可以對他人的觀點推行思考和推測（Keysar, et al., 2003），這不但需要耗用大量運算資源，也可能引致「偽吸引子」突然出現。

我們也可以採用神經科學理論去分析「偽吸引子」的出現。一般來說，大腦處理新穎表徵的應對策略，是將表徵分為經常出現的「重複特徵」（repetitive features）及較罕見的「新穎特徵」（novel features）；為了節省運算資源，大腦會注視「新穎特徵」，而略過「重複特徵」。這過程涉及大腦的海馬體（hippocampus）（Rolls, 1996; Eichenbaum, et al., 1996; Chen, 1995），海馬體會對外來進入的資訊進行「正交化」（orthogonisation），「正交化」會突顯樣式之間的不同之處，並淡化相似的地方；當海馬體的功能減弱，便有可能導致大腦運算超出負荷，並大大增加偽吸引子（即異常表徵）出現的機會。

9.2 鎖定失衡

在現實生活中，大部分表徵都是極其相似的，擁有很多共通的特徵；大腦便了節省運算資源，會對表徵作出歸類（categorisation）。一般來說，大腦會採用「滿足條件限制模型」（constraint satisfaction model），為表徵進行分類。大腦系統會首先列出一系列外在條件，這些外在條件會被視為網絡的「預設」（given）界限（即鎖定（clamped）特徵），大腦會在表徵網絡（representational network）中，以不受限的參數作為內在規律。

「滿足條件限制」出現失衡的主要原因，可能與「鎖定—釋放」（clamping-freeing）的調節失衡有關。當鎖定過於死板，處理資料的過程便會欠缺彈性，並受到情景脈絡所嚴格規限；如果鎖定太過寬鬆自由，情景脈絡便容易變得浮動，解決問題的方案便可能無法出現。精神病患者經常出現的思想混亂現象（例如出現切線的思考模式（tangential thinking）或出現頑固的思考模式（perseveration thinking），極可能與網絡鎖定不足有關。

9.3 同步失衡

「神經同步」（neural synchronization）是大腦對個別客體（individual objects）的表徵保持一致性的一個重要機制（Singer, 2000）。「神經同步」是指當大腦接收單一客體的表徵後，會將表徵分流到幾個平行的資訊流（parallel streams）。舉例說，當大腦要鑑別外在物件（例如一隻麻雀），會集中在枕葉至顳葉的資訊流中處理；要處理該物件的空間位置和運動軌跡（例如麻雀正從枝頭飛往窗前），則會在枕葉至頂業的資訊流分流處理。大腦如何在同一時間處理多種不同的表徵？如何分辨個別表徵來自哪個個別客體？這需要一些監管方法，就是進行「神經同步」（當麻雀飛行，恰巧有一燕子從河邊飛到竹林裏，便需要相關的「神經同步」程序）。「神經同步」是大腦對個別客體的表徵保持一致性的一個重要機制，如果「神經同步」出現失衡，表徵便可能出現錯配（例如麻雀的飛行軌跡和燕子的飛行軌跡出現錯配），不同資訊便會零散地連繫一起。

此外，「神經同步」失衡也可能與腦部發育的病變有關，例如如果大腦出現「脫髓鞘」（demyelination）的病變現象，便會減低大腦的神經線路的導電能力，結果是神經束相關的神經信號不能同時抵達目標。當上游發出的神經信號與下游的的神經信號不能同步，神經信號便會出現擴散（Miller, 2008），這情況會令大腦的反應時間延長，大腦不同區域的變異性（variabilities）便會增加。「神經同步」失衡現象，在思覺失調的個案中並不罕見。

9.4 關聯失衡

上文談到，大腦會採用「滿足條件限制」的模型，為表徵進行分類；此外，大腦也會採用「滿足條件限制」的策略，對事物進行思考。大腦會首先採用較寬鬆的標準（即較低的「滿足條件限制門檻」）以尋求解決問題的大方向；然後才一步步收緊要求（提高「滿足條件限制門檻」），以尋找適切的解決方案。毫無疑問，寬鬆的「滿足條件限制門檻」會有助大腦擴闊觀察的範圍，並尋找潛在的表徵樣式；但太過寬鬆的「滿足條件限制門檻」，也會導致大量「關聯意念」（ideas of reference）的出現。當個體過分解讀環境中的事件信號，便容易誤會事情的發生專為他而設，有可能引發思覺失調的妄想病徵。思覺失調患者身上出現的妄想，大多來自患者錯誤解釋事物的突顯性與顯著性，這種病態現象極可能與關聯失衡有關。

當然，腦內的多巴胺系統也扮演着推波助瀾的角色。多巴胺在大腦的作用，是標示環境中不尋常的變化，當多巴胺系統變得異常活躍，大腦便知道環境中蘊藏着充滿豐富資訊的事物，須多加留意。多巴胺系統會給事物貼上顯著性的標籤，到了下次事情重複發生，大腦便可按照這些標籤尋找預設答案。另一方面，多巴胺系統也會在缺乏資訊下，嘗試從環境中推測隱藏的資訊，於是間接造成關聯失衡的出現。

9.5 反差處理失衡

大腦的激活程度與「旁側仰制反差處理」（Lateral Inhibition Contrast Processing）的機制息息相關，並涉及大腦皮質的 γ-氨基丁酸（GABA）中間神經元。「旁側仰制反差處理」不但可以調節整體大腦的激活程度，亦會對表徵（representations）的反差清晰度產生影響（Murray et al., 2006）。如果出現反差處理失衡，表徵便會變得含混不清，這不但影響個體的工作記憶，也會對個體的視覺反差產生影響，這在思覺失調患者身上尤為明顯（Serrano-Pedraza et al., 2014）。

9.6 從上而下處理偏誤

所謂從上而下處理偏誤，是指高層次的樣式對低層次樣式的處理產生影響，並促發偏誤。一般來說，大腦從外界接收的資訊，會變成感覺流（perceptual streams），將原始感覺資訊（raw sensory information）進行階段分析，以辨認其中的樣式。上一階段的輸出，會成為下一階段的輸入。但過多從上而下發揮的影響，會導致信號出現偏差，特別當從下而上的信號減弱（例如感覺貧乏），或從上而下的信號過分活躍（例如病態哀思（pathological grief）），從上而下處理偏誤便有可能發生。從上而下的處理偏誤可引致錯覺（illusions）、幻覺（hallucinations）與妄想（delusions）。

9.7 系統突變

突變理論（catastrophe theory）就曾指出，當多個維度（dimensions）發生漸變，到了某個臨界點，便會引致突變現象。就以監獄動亂為例（Zeeman, 1977），在監獄中，囚犯的互動不多，但當囚犯的互動增加，囚犯互為影響的因素，便會變成動亂的催化劑，導致一發不可收拾的亂象。精神障礙的發展過程亦十分類似，精神障礙牽涉多個因素，其中包括基因、多巴胺異常等，這些因素會不斷變化，但規模可能十分輕微；可是到了某個臨界點，便會引致精神狀態出現突變。突變理論有助我們預測精神障礙的發展軌跡（Thom, 1975）。

9.8 碎念

所謂「碎念」，是指我們吸收資訊的過程中，一些相對獨立的「亞符號」（sub-symbolic）表徵會在大腦的運算過程中聚合一起，形成「碎念」。「碎念」不一定擁有內在意義或獨特功能；在精神病理學中，主題重複的「碎念」，往往是思覺失調或強迫症的主要病徵。由於「碎念」屬於一種「亞符號」，因此很難透過一般語言或詞彙去表達。

9.9 語意角落

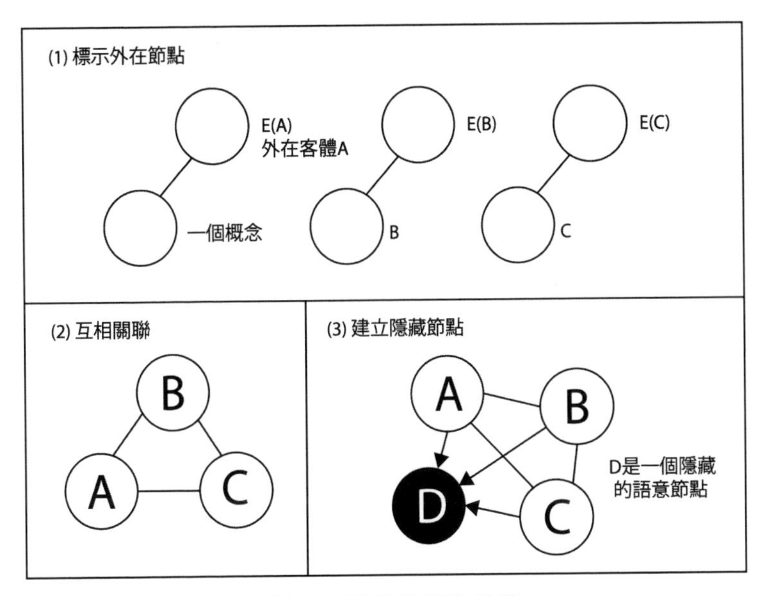

圖 9.1 隱藏的語意角落

「語意角落」與精神障礙的奇異想像（magical imagination）有關，所謂「語意角落」，是指在語意網絡中，當兩個節點（nodes）透過外在指涉（external references）建立了內在連繫，新的「內在節點」（即「語意角落」）便有可能形成。這些新出現的「內在節點」，不需借助外在環境提供的信息，便可以與其他節點建立連繫；當「語意角落」與現有語意網絡建立了連繫，整個語意空間便會產生地形上的改變，成為各種奇異想像的溫床。

9.10 總結

當一個病者陳述他聽見一隻狗以廣東話吠叫，醫者應如何利用內心表徵的思考框架去分析病者的經歷？一般來說，病者的陳述涉及聽覺的幾個常見維度，即逼真性（vividness）、外在發生地點（external sources localization）和失控（lack of control）。此外，病者的陳述涉及兩個表徵維度，分別是吠叫聲及語言內容，它們混合組成單一的聽覺流；在正常情況下，這兩個表徵不會共存。這些不同特徵維度的結合，讓病者處於一種非常態狀況。

病者的經歷具有一定的怪異特質（bizarre quality），這些特質類似於妄想的怪異性（bizarreness）。「同理表徵論」與傳統精神病理學最大不同之處，是後者着重的是妄想的內容，而「同理表徵論」着重的卻是妄想與「資訊表徵」（information-representational）的關係。「同理表徵論」指出，不同「資訊表徵」的處理路徑都可以引致妄想的出現；下一章會嘗試從「資訊表徵」的角度，提出一個精神病分類的嶄新方法。

10

精神病理學的新框架

在「庖丁解牛」這個中國寓言中，主角是一位屠夫，他的切肉技巧十分出眾，於是有人向他請教，是否因為刀鋒鋭利才有如此精湛的切肉技巧？屠夫指出，萬物的運作是跟隨一種自然規律，如果人們違反了這些規律，做事便舉步為艱；相反，如果人們順應這些規律，所有工作都會變得暢順。屠夫強調，他切肉的秘訣不在於刀鋒鋭利，而在於他對牛的身體結構的了解，只要懂得辨認大自然的規律和脈絡，做事便會事半功倍。這些原則也可以應用到精神病理學與臨床對話。「同理表徵論」提出的精神病理學分類，目的是盡量反映病者的主觀經歷；唯有充分同理病者的主觀經歷，臨床對話才能發揮積極作用。以下是「同理表徵論」提出有關精神病的新分類方法：

（1）第一個組別關於關聯（relating）的失調，其中包括：一般外境關聯失調、過度關聯失調、情感關聯失調及指涉失調等。

（2）第二個組別關於主體意識（agency），即主體意識在自發或自主過程中出現失調。

（3）第三組別涉及為他者（other）建立內心表徵過程中出現失調，其中包括：內在對話失調、資訊分隔失調、他者與他者表徵的自主失調。

（4）最後一個組別涉及表徵（representation）之間的互動失調。例如下線更新失調、思考形式失調、虛構事實、環境依賴症候群、自我複製的意念、互相支持的意念群集及威脅性意念等。

下文會逐一詳細介紹。

10.1 關聯失調

關聯（relating）是人類生活的一個重要部分，人類對他人、物件、想法、世界和自身建立關聯，這是普世現象。關聯失調有多種，可以是一般性連繫出現失調，也可以與特定內容（例如自然客體、他者、意念、自我等）的連繫有關；更可以是內在產生意念（internally-generated ideas）的關聯出現失調。我們可以把這些因關聯導致的異常心理狀態，統一稱為關聯失調，其中包括：

（1）一般外境關聯失調

當個體對外在環境的表徵能力降低，他對外在環境的投入和參與程度（engagement）也會下降，與外在世界建立有效關聯的能力也會下降。一般外境關聯失調是指一般性的內心表徵失效，一般外境關聯失調與傳統精神病理學的急性混亂狀態（acute confusional state）或精神錯亂（delirium）類似，這些狀況反映出大腦出現了廣泛性系統失衡或身體出現嚴重毛病（例如缺氧（hypoxia）、敗血症（septicemia）、腦血管破裂（CVA）、腦炎（encephalitis）等）。當病者出現了一般外境關聯失調，他會無法將外在環境與內在表徵建立有效連繫，於是無法掌握周遭事物。

臨床上，精神病理學家會透過檢查病者是否能掌握身處的時間、地點和身邊人物，以判斷病者是否出現了一般外境關聯失調。除了檢查病者對日期、時間和地點的掌握，精神病理學家也會檢查病者對人際的情境脈絡（social context）的掌握，重點是評估當下與誰對話？他能否察覺正在接受臨床服務？他是否能辨認眼前的人是一個醫生？如果病者無法掌握這些基本的情境脈絡資料，便有可能出現一般外境關聯失調，一般外境關聯失調屬於一個高層級的病徵；當這些病徵出現，其他病徵的資訊價值會變得相對沒那麼重要。

（2）過度關聯失調

面對環境中複雜的資訊，我們必須靈活地選擇與甚麼資訊建立關聯，這個選擇過程涉及高階的認知決定。要作出這些認知決定，個體不但要參考過去的經驗，更要衡量當下的動機。一些病理過程會削弱病者綜合不同資訊的能力，並導致病者對外境資訊作出不適當的反應，繼而產生過度關聯失調。例如當病者受環境中某些物件觸發，他會不自控地與這些物件發生互動，最常見的例子是在臨床面談中，病者會隨便拿起眼前的物件（例如桌子上一副不屬於自己的眼鏡），並把物件據為己有（把眼鏡戴上），這些症狀與環境依賴症候群的症狀有些相似。

（3）情感關聯失調

在「同理表徵論」中，內心表徵大致上可分三大類別，它們分別是：感覺表徵（perceptual representation）、詮釋表徵（interpretative representation）及情感表徵（affective representation）。但所有表徵其實都帶有情感向度，並且與情感資訊連結。一般來說，所有情感表徵都具有一定方向性（directional），情感表徵可以是正向，也可以是負向；我們對正向情感表徵與負向情感表徵的反應，是有顯著分別的。我們會傾向與負面的情感表徵保持距離，這可能與人類的進化有關，人類為了生存，會選擇遠離一些負面情況（例如避免接觸血、污穢的物件或多洞的物件等），以逃避或疾病和死亡相關的環境。

當負面的情感積累太多，這些負面情感便會覆蓋其他內心領域，並引致不良的精神反應（例如抑鬱症及邊緣人格障礙（borderline personality disorder）等）。如果負面的情感表徵依附在物件或他者表徵之上，便會出現恐懼症、強迫症或迫害意念（persecutory ideations）等。

為了隔離負面的情感表徵，內心必須預留一些隔離空間，這些空間可以稱為內心膀胱（Psychological Bladder Space）。內心膀胱是一個儲存負面表徵的空間，它儲存了被日常意識（conscious mind）隔離的負面表徵。內心膀胱產生的作用，對維持個體的心理健康十分重要，它好比我們的泌尿膀胱，負責將內在世界的資訊及外在世界的資訊進行過濾。如內心膀胱失衡，會導致資訊滲漏到其他客體，並影響其他客體的正常運作，驅使個體以負面的態度看待自己和世界，或把負面的感覺投射到他人身上（Samuels, 1985）。

（4）指涉失調

指涉失調是指個體錯誤解釋環境中發生的事情，並認為事情的發生是一個為他發出的信號。指涉失調的患者會投訴別人的說話、眼神或咳嗽，或環境中的噪音，或電視節目的某些信息，是針對他而發出。必須強調的是，指涉失調的焦點不在於資訊的內容，而在於接收「對象」。

嚴重的指涉失調可以達致妄想，並與其他妄想同時發生。如果病者出現妄想，但同時出現指涉失調，後者可被視為妄想其中一個表徵維度。撇開指涉失調與妄想的關係，指涉失調可以被視為一種溝通指涉對象失調（Disorder of communication address）。

舉例說，一名30歲男子深信自己的肺部長期受到感染，雖然醫生多次替他檢查，也沒有驗出任何與肺部相關的疾病，但病人仍認為自己的肺部受到病毒污染。這種病例在傳統精神病理學中，多數被判定為疑病妄想（hypochondriacal delusion），但「同理表徵論」則視這種病理現象為指涉失調，原因是每次病者身邊有人咳嗽，病者都認為與自己有關，繼而認為自己把病毒傳染給身邊人。

要明白指涉失調這種病理現象，必須了解大腦的收件人地址（address assignment）機制。當大腦接收一個外界信息，它會根據信息的內容，在前意識（pre-consciously）預先作出判斷，看看信息是否與自我有關。如果信息與自我無關，這些信息便會被前意識過濾。但這個過濾機制有時會失效，大腦會以為當前的信息已經通過正常的檢查，並嘗試從信息中發掘意義，繼而產生指涉失調。

10.2 主體意識失調

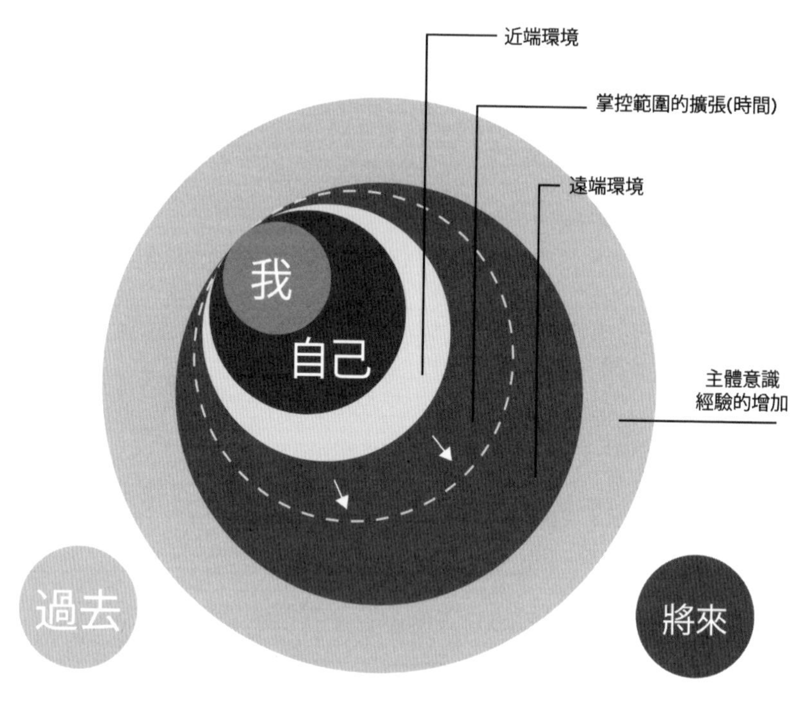

圖 10.1 主體意識失調

動物有能力按照目的和環境因素，對自己的動作和行動作出監控；人類也擁有這種能力，人類會對意向目的和身處的社交環境作出監控，我們稱這種運作模式為主體意識系統。如果主體意識系統未能有效運作，主體便會有種錯覺，以為自己的行為或行動受別人控制（例如「他人之手症候群」（alien hand syndrome）、被動妄想等）（Feinberg et al., 1992; Goldberg, 1985）。當大腦不能有效辨認行動的意向來自自我或他人，會令個體出現主體意識失調。

積極的行動有助鞏固主體意識，並有助建立健康的自我感（sense of self）。當一個人患上精神障礙，他與別人的接觸會大幅減少。當個體與社群的互動減少，主體意識便會被削弱。透過社交互動，我們認識到環境的某些領域屬於自己的影響範圍（sphere of influence）；這個認識過程，有助我們在生命早期建立自我（self）意識。所謂控制範圍（field of control），是指環境中某些事物會順應自己的行動並產生預期的效果。這些影響範圍的表徵過程（即對「自我啟發行動」（self-initiate acts）的覺察），對建立主體意識十分重要。

一個常見的例子是，思覺失調患者表示他的手提電話出現異常；當他在手提電話輸入指令時，他發現手提電話的反應不似預期，所以推斷其他人在背後控制着他的手提電話；當一個人對預期的結果（expected outcome）缺乏內在監控感，便會出現主體意識失調，覺得自己的行動受到他人控制。

10.3 他者表徵相關的失調

在人與人的互動中，社交資訊往往是模糊和不完整的，我們只可以採用直觀推斷（heuristics）和範例（stereotypes）去填補因資訊不完整造成的認知空隙；但這些方法容易產生成見和作出不準確的預測，如何處理這些不明確的他者表徵，確實是一個非常重要、也極具挑戰的問題，這過程涉及概率推理（probabilistic reasoning）、反覆評估（re-evaluation）及備用假設（alternative hypothesis）。

「對話自我論」（Dialogical Self Theory, DST）指出，內心中不同的自我表徵和他者表徵，會透過內心對話互相交換信息（Herman, & Kempen, 1993）。當個人無法針對他者表徵進行準確的機率評估，便會導致個人對人際關係作出錯誤的詮釋，更有可能把別人視為具威脅性的他者，或把不良動機強加他人身上，或給別人扣上莫須有的罪名（Green, & Philips, 2004）。

簡言之，當一個人未能建立穩固的「心智理論」，會導致表徵系統出現資訊貧乏，因此無法理解他人的社交行為，或作出適當的社交反應（Baron-Cohen, Leslie, & Frith, 1985; Frith, & Corcoran, 1996; Frith, 2004）。以下是與他者表徵相關的失調：

（1）內在對話失調

正如上文談到，內在對話可以幫助我們預演自己跟他人的對話，亦可用作排演「內心社區」（Community of Mind，COM）中重要人物的對話（Hermans, & Dimaggio, 2007）。在日常生活中，我們會利用內在語言（inner language）去解決生活難題，這個資訊交流過程，需要大腦就着不同的他者表徵，進行大量的資訊互動，過程涉及命題結構（propositional structure）及語言（linguistic），大腦會將自我發出的信息標籤視為自我引發（self-initiated），如過程中沒有為內在對話作出標示，內在對話便會被誤判為外在引發（externally-generated），出現內在對話失調，即傳統精神病理學所説的語言幻覺。

（2）資訊分隔失調

正如上文提到，辨別資訊來源和資訊的分享對象對日常的社交生活非常重要。在史前「穩定進化環境」（Evolutionary Stable，ESS）中，社交資訊一向被視為重要的資產。而信息的價值，往往取決於信息的來源與分享對象。當信息被廣泛分享，信息的市場價值便會大幅降低。選擇性地讓資訊流通，有助鞏固群體中成員之間的連繫，也可以用來分辨群體成員或非群體成員的身份。考古學證實，用作封存文件的印記（seal）在不同民族中很早已存在，反映出差別溝通（differential communication）在人類交流中扮演了一定角色。

在差別溝通中，要為「S 對 A 但不對 B」進行標記，往往要求個人擁有高階思維能力。這個過程會耗用一定的大腦資源。因此，大腦的預設基本標記模式會是簡單的「S 對全部」。當一個人受精神疾病影響，他的心智能力會削弱，並退回到「S 對全部」的大腦設定。這種退行行為會令個體產生一種奇怪的感覺，感到內心的信息被其他人窺見似的，繼而產生焦慮，這種現象被稱為資訊分隔失調。

值得注意的是，原始人的溝通場境主要在公眾地方，身體姿勢或簡單的言語，都會在群體中被人看見；書寫語言（written language）只是在近代才被廣泛應用，這為溝通模式給人類的生活帶來了革命性的改變。書寫語言讓人們可以大規模採用選擇性（selective）和私密性（private）的方式進行溝通。當「內心社區」（COM）的自我表徵與他者表徵的連接非常緊密，便有可能出現標籤失效，對個人信息的安全帶來衝擊。

		我	A	B	C	D	
I1	資訊	✓					I1[IST(0)] 只有我知道
I2	資訊	✓			✓		I2[IST(C)] I+C
I3	資訊	✓	✓	✓			I,A,B
I4	資訊	✓			✓	✓	I,C,D
I5	資訊	✓		✓	✓	✓	I,B,C,D
I6	資訊	✓	✓	✓	✓	✓	I6[IST(all)]

圖 10.2 資訊的區隔

讓我們透過程式化（notations）的圖像對資訊分隔失調現象進行分析（參考圖 10.2）。在我們的大腦，每個信息（I1, I2, ……）都可以指定為「向自我」或「向他人」分享的信息，並貼上不同的資訊分享標籤。在資訊分享標籤（0，A，B，C，全部）中，「0」代表空集（empty set），即不與任何人分享。「全部」是指全集（universal set），即與全部人分享。「A」、「B」和「C」則指某群人的特定集（particular sets），「S」代表「自我」（self）。舉例說，在 I1[IST（0）] 這個程式中，「資訊 1」屬於「不向任何人」分享的信息（即個人秘密）。在 I2[IST（C）] 這個程式中，「資訊 2」是向 C 集（群組）分享的信息。在 I6[IST（全部）] 這個程式中，「資訊 3」（I3）是向群體中所有人公開分享的信息。通過 In[IST（Xn）] 這個「程式」，我們可以描述大腦中不同的信息。n 可以填上 1 至 n，n 代表第 n 個意念，而 Xn 代表可以分享 In 的意念的群組。 根據上述分折，這個過程不但可以為資訊定性，也同時可以為群體定性。當標籤由「0」轉為大於 0 的值（>0），原本只有自己知道的信息（Ip[IST（0）]）便會變為「向多於一人」分享的信息（Ip[IST（>0）]）。從表徵的角度來看，個體會將 A、B、C 視為不應該擁有那些信息的他人；但這一群人卻擁有這些私密信息（Ip[IST（0）]）。由此可見，資訊分隔失調與為資訊來源貼上標籤出現失效有關；當標示過程不能順利執行（思覺失調涉及資訊分享標籤出現異常），病者便會感覺個人私隱廣為人知。

（3）他者表徵的自主失調

他者表徵的自主失調涉及在我們的內心社區（COM），出現他者與他者（O-O）的關係失調，形成第三者幻覺。第三者幻覺是精神分裂症的第一線臨床病徵（Schneider, 1959）。第二者幻覺是關於他者與自我（Others-Self）的對話幻覺；而第三者幻覺則是在我們的「內心社區」（COM），出現了他者與他者（Others-to-Others）的對話幻覺。

在現實生活中，我們很少能夠直接觀察他者與他者之間的直接連繫，我們只可以透過間接的插補法（imputations），評估他者與他者之間的連繫。意思是主體（S）很難得知他人與他人的關係，主體只能透過閒言閒語和推斷，才能存取這方面的信息。在不確定的人際網絡中，個人只可以透過與群組互動，從而獲取與群組相關的資訊。這些資訊讓個人可以對真實的群組和群組表徵作出比較，以推測他者與他者的關係。

當個體與群組缺乏真實的接觸（在精神分裂患者身上十分普遍），要針對真實的群組和群組表徵作出比較，便會出現困難。當個體缺乏現實經驗作為參考，個體只可以引用從上而下的資訊作為判繼的準則，個體的偏見便容易干擾個體對「內心社區」的詮釋，形成錯誤的他者表徵。由於他者與自我對話在日常生活中較常見（Lewis, 2002），出現這種幻覺並不一定涉及病變過程；相反地，由於他者與他者的對話在日常生活中較少發生，誘發這種第三者幻覺需要廣泛的病變，所以第三者幻覺的出現，是一種較嚴重的精神病況（例如精神分裂症）。

10.4 表徵互動失調

《聖經》有一個比喻，這個比喻視思想為種植意念的土壤，有些意念會在當中茁壯成長，有些意念會被壓抑，有些意念則會被除掉（參考《聖經》馬太福音 13:1-23；馬可福音 4:1-20；路加福音 8:4-15）。在我們的大腦中，如意念要留存下來，就必須配合語意一致性（semantic coherence）的原則，新意念必須與思維中的其他意念一致，才能持續發展。意念與意念的互動（即表徵的互動），也會出現互動失調，繼而產生各種表徵互動失調：

（1）下線更新失調

下線更新失調是指大腦不能成功更新表徵，於是形成失調。在記憶鞏固過程中，大腦會不停更新內在資訊，並為複雜表徵進行更新和鞏固。這個記憶鞏固過程，大多發生在睡眠的快速動眼期（Rapid Eye Movement, REM）。要進行記憶鞏固，大腦必須處於靜息狀態（resting state，即下線或做夢），才可完成表徵更新過程。如果我們不容許大腦處於下線狀態，大腦便不能成功更新表徵。有證據顯示，在持續缺乏睡眠下，健康的個體會出現思覺失調的症狀（Petrovsky, et al., 2014; Frau, et al., 2008）。當大腦未能進行下線更新，記憶的容量便可能超出負荷，出現運算出錯，並形成失調。

（2）思考形式失調

常見的思考形式失調包括下列四種：

（A）説話繞圈（circumstantial speech）：傳送者低估接收者的知識，為接收者提供不需要或多餘的資訊，於是出現説話繞圈。

（B）聯想鬆散（semantic distance）：傳送者使用的詞彙與其他詞彙之間的文本連繫不足，於是增加了詞彙之間的語意距離，形成聯想鬆散。

（C）字彙拼盤（word salad）：傳送者違反基本的文法結構或文法規限被，於是形成字彙拼盤。

（D）內容貧乏：傳送者對一般字彙過分使用，以致信息內涵或說話內容過於貧乏。

在思覺失調的影響下，思考形式失調會變得更為嚴重；當病者需要傳遞抽象的意念，便會出現語言混亂。語言混亂是指病者與人進行語言溝通時，接收者感到病者表達的內容混亂。語言混亂是思覺失調的其中一個主要病徵（Sims, 1995; McKenna, & Oh, 2005），語言混亂反映出病者的思考過程出現失序，即這裏所指的思考形式失調。

（3）虛構事實

虛構事實是指當資訊不足時，大腦會利用已有資訊，建構理解模型，但這些模型往往與事實不符。在一個經典的腦裂（split-brain）觀察中，患者接受了合縫手術（commisurrectomy），左右腦的連接（主要指胼胝體（corpus callosum））被分隔。手術後，實驗者在患者的左邊視覺區，投射一幅幽默卡通（影像會投射到右腦的視覺皮層），當患者看見卡通，他便隨即放聲大笑；其後，患者被問到為何大笑時？患者竟然向實驗者說：「因為你（實驗者）看起來很有趣！」（但實際上實驗者看起來是一本正經的樣子）。患者所以有錯誤的解釋，是因為大腦處理語言時，左腦有一種特性，就是在沒有右腦的視覺資訊的協助下，仍會作出反應。這個實驗反映出大腦存在虛構事實的傾向，縱使資訊不足，大腦仍會利用已有資訊，對真實進行詮釋。對一個健康的人來說，他有能力監察和抑制大腦這種虛構事實的傾向，但在某些情況下（例如：神經狀況影響了前額葉皮層（prefrontal cortex）），個體或沒有能力評估資訊是否足夠，虛構事實（confabulation）便可能出現（Moscovitch, 1995）。

（4）自我複製的意念

自我複製的意念是指病者利用重複的意念去表達某些事情，說話內容於是變得愈來愈貧乏（Andreasen, 1979）。自我複製的意念可以理解為一種認知病毒（cognitive viruses），這種病毒具有一定適應性（adaptive）；在一些病態的情況下，這些病毒會不繼蔓延，令患者拒絕接收和傳遞新資訊，只是重複地活在自我複製的意念中。

（5）互相支持的意念群集

互相支持的意念群集是指一些病徵建立起相輔相成的關係，彼此鞏固和強化，最後構成一組不斷自我延續（self-perpetuating）的病徵群集；縱使引發病徵的因素已經不復存在，病徵仍會持續存留下去（Borsboom 2017）。「病徵網絡」理論提醒我們，病徵的發展並不是單向（unidirectional）的，而是涉及大腦網絡及複雜的互動因素，意念與相關的意念會組成意義一致的意念群集（ideas cluster）。相比起單獨的意念，意念群集會有更大的生存機會，擁有更高繁殖率，亦較難被消除。

（6）威脅性意念

威脅性意念是指那些與危險及威脅相關的資訊，這類資訊與人類的進化息息相關。人類為求生存，會聚焦於與潛在危險及威脅相關的資訊（Haselton et al., 2015）；因此，具威脅性主題、無法反證及敍事文本一致（contextual narrative coherence）的意念，較容易在宿主的內心生長。思覺失調患者常常錯誤以為受到人身威脅，強迫症患者常常害怕污穢及遺忘重要事情，這些病理現象都可能與人類規避風險的傾向有關。

(7) 環境依賴症候群

環境依賴症候群是指病者無法辨識情境脈絡資訊，只是任由前景（foreground）的物件主宰自己的動作反應，並導致一些奇怪行為出現。例如當實驗者在一個受環境依賴症候群影響的患者面前擺放不同物件（眼鏡、肌腱錘等），患者會立即拿起面前的物件，無論行為是否恰當。受環境依賴症候群影響的患者，往往欠缺主體意識（agency），欠缺乏由意志啟動的個人意識，只是任由環境因素引導，從而作出機械反應。仿效現象（echo-phenomena）及利用行為（utilization behaviour）是環境依賴症候群的一些常見例子（Lhermitte, 1986）。所謂仿效現象，是指病者模仿其他人的說話或動作；模仿在日常生活中十分普遍，這或許與我們腦中的鏡像神經元（mirror neuron）有關，例如一個人咳嗽，其他人也會容易咳嗽，當一人發笑，其他人也可能會跟着發笑，這些都是鏡像神經元產生的作用。其他仿效現象還包括迴音動作（echopraxia）及模仿言語（echolalia）等。至於利用行為，則是指病者對物件的不當應用，病者無法自控地對周遭環境作出一些固定反應，不自控地與物件發生互動。

10.5 總結

傳統的「描述性精神病理學」（Descriptive Psychopathology）按照心理學的心理功能（例如記憶、語言、注意力、感覺等），將病徵分類（Fish, & Hamilton, 1985），這種分類方法類似於電腦的運算系統，按功能將病徵分為：與中央決策機制（對應於電腦的中央處理器（CPU））相關的病徵，與工作記憶（對應於電腦的記憶體（RAM））相關的病徵，與長期記憶（對應於電腦的硬碟（hard disk））相關的病徵。但這種分類方法，是否處理和回應精神障礙的最佳方案，仍是一個尚未徹底檢視的問題。

本章提出的「同理表徵論」，為精神障礙和精神病理學建立了一個全新的分類系統。「同理表徵論」指出，內心表徵是理解內心如何處理資訊的關鍵；當表徵處理失衡，會引致各種精神障礙問題。「同理表徵論」吸收了現象學、認知科學與生物進化論的養分，提供一個整合理論：「同理表徵論」將各種精神病障礙作出重組，提出了新的精神病理分類方法。

結論

「同理表徵論」嘗試為人類的主觀經歷及非常態現象建構一套整全的精神病理學理論。「同理表徵論」涵蓋腦神經科學、認知科學及現象學，並努力將各種學問與精神病理學整合。「同理表徵論」汲取了各種學問的養分及有用概念，並提出整合性理論。最後，「同理表徵論」提出了嶄新的精神病理分類，這種分類方法與人類的主觀經歷更加切合，做到機理與經歷並重。

貫通本書的核心思想包括下列五方面：第一，本書強調主觀經歷的重要性，主觀經歷對了解精神障礙十分重要；第二，強調同理心在精神病理學評估發揮的關鍵作用，醫者要進入病者的主觀經歷，必須透過同理心；第三，要了解精神障礙的演變過程，表徵是一個不可或缺的概念，表徵為生物學與現象學建立跨學科橋樑，並將各種知識系統與精神病理學作出整合；第四，貫穿「同理表徵論」的理論框架，是現象學與腦神經科學，兩種學問相輔相成，同樣對精神病理學作出貢獻；第五，一個成功的臨床對話過程，可以讓病者說出病徵，並讓醫者對病徵有更深入的認識和了解。

總的來說，精神障礙是病者私人的主觀經歷，醫者只能透過臨床對話，並利用共享的表徵系統，才能存取病者的資訊，為病者建構精神病理模型。本書整合了腦神經科學、認知科學和現象學，為當代精神病理學的理論和應用，建構一個整合性的理論框架。

參考文獻

引言

Jaspers, K. (1963). General Psychopathology (Hoenig, J., & Hamilton, M. W., Trans.). Manchester, UK: Manchester University Press. (Original work published in 1913).

1. 從精神醫學的臨床對話出發

Argyle, M. (1975). Bodily communication. London: Methuen.

Chen, E. Y., Lam, L. C., Kan, C. S., Chan, C. K., Kwok, C. L., GH, N. D., & Chen, R. Y. (1996). Language disorganisation in schizophrenia: validation and assessment with a new clinical rating instrument. Hong Kong Journal of Psychiatry, 6(1), 4-13.

Elstein, A. S., & Schwarz, A. (2002). Clinical problem solving and diagnostic decision making: selective review of the cognitive literature. British Medical Journal, 324(7339), 729-732.

Garrod, S., & Pickering, M. J. (2009). Joint action, interactive alignment, and dialogue. Topics in Cognitive Science, 1(2), 292-304.

Good, B. (1993). Medicine, rationality, and experience. Cambridge University Press.

Grice, H. P. (1975). Logic and conversation. In Syntax and Semantics 3: Speech Acts (Cole, P., & Morgan, J. L. eds.). New York: Academic Press.

Husserl, E. (1931). Ideas: general introduction to pure phenomenology (Gibson, W. R. B., Trans.). New York, USA: The Macmillan Company. (Original work published in 1913).

Husserl, E. (1954). The crisis of the European sciences and transcendental phenomenology: an introduction to phenomenological philosophy (Carr, D. Trans). Evanston, USA: Northwestern University Press. (Original work published in 1936).

Husserl, E. (1970). Logical investigations (2nd ed.) (Findlay, J. N. Trans.). London, UK: Routledge. (Original work published in 1913, 1921).

Iser, W. (1978). The Act of Reading: A Theory of Aesthetic Response. Baltimore: The Johns Hopkins University Press.

Jaspers, K. (1963). General Psychopathology (Hoenig, J., & Hamilton, M. W., Trans.). Manchester, UK: Manchester University Press. (Original work published in 1913).

Libby, L. K., Shaeffer, E. M., & Eibach, R. P. (2009). Seeing meaning in action: A bidirectional link between visual perspective and action identification level. Journal of Experimental Psychology: General, 138(4), 503.

Marková, I. (2005). Insight in psychiatry. Cambridge University Press.

Neisser, U. (1989). From direct perception to conceptual structure. In Neisser, U. (Ed.)., Concepts and conceptual development: Ecological and intellectual factors in categorization (No. 1). CUP Archive.

Nimmon, L., & Stenfors-Hayes, T. (2016). The "Handling" of power in the physician-patient encounter: perceptions from experienced physicians. BMC medical education, 16(1), 53-73.

Oswald, D., Sherratt, F., & Smith, S. (2014). Handling the Hawthorne effect: The challenges surrounding a participant observer. Review of social studies, 1(1), 53-73.

Pickering, M. J., & Garrod, S. (2004). Toward a mechanistic psychology of dialogue. Behavioral and brain sciences, 27(2), 169-190.

Ricoeur, P. (1981). Hermeneutics and the human sciences: essays on language, action and Interpretation (Thompson, J. B. Ed.). Cambridge: Cambridge University Press.

Robins, R. W., Spranca, M. D., & Mendelsohn, G. A. (1996). The actor-observer effect revisited: Effects of individual differences and repeated social interactions on actor and observer attributions. Journal of personality and social psychology, 71(2), 375-389.

Roter, D. L., & Hall, J. A. (2006). Doctors talking with patients/patients talking with doctors: improving communication in medical visits (2nd edition). Westport: Praeger.

Russell, J. A. (1991). Culture and the categorization of emotions. Psychological bulletin, 110(3), 426-450.

Shea, S. C. (1998). Psychiatric interviewing: the art of understanding: a practical guide for psychiatrists, psychologists, nurses and other health professionals (2nd edition). Philadelphia: W. B. Saunders.

Tait, L., Birchwood, M., & Trower, P. (2003). Predicting engagement with services for psychosis: insight, symptoms and recovery style. The British Journal of Psychiatry, 182(2), 123-128.

Zwaan, R. A., & Radvansky, G. A. (1998). Situation models in language comprehension and memory. Psychological bulletin, 123(2), 162-185.

宗頤，禪苑清規，中州古籍出版社，2001。

2. 精神病理學的知識基礎

Baars, B. J. (1997). In the theater of consciousness: the workspace of the mind. Oxford, UK: Oxford University Press.

Baars, B. J. (2002). The conscious access hypothesis: origins and recent evidence. Trends in Cognitive Sciences, 6 (1), 47-52.

Brentano, F. (1973). Psychology from an empirical standpoint (McAlister, L Ed.; Rancurello, A. C., &Terrell, D. B., Trans.). (Original work published in 1874).

Crick, F. (1994). The astonishing hypothesis: the scientific search for the soul. New York, USA: Charles Scribner's Sons.

Critchley, S. (2001). Continental philosophy: a very short introduction. Oxford, UK: Oxford University Press.

Fodor, J. (1968). Psychological explanation: an introduction to the philosophy of psychology. New York, USA: Random House.

Fodor, J. (1978). Propositional attitudes. The philosophy and psychology of cognition, 61(4), 501-523.

Fodor, J. (1983). The modularity of mind: an essay on faculty psychology. Cambridge, Massachusetts: MIT Press.

Geertz, C. (1973). The interpretation of cultures: selected essays. New York, USA: Basic Books.

Husserl, E. (1954). The crisis of the European sciences and transcendental phenomenology: an introduction to phenomenological philosophy (Carr, D. Trans). Evanston, USA: Northwestern University Press. (Original work published in 1936).

Husserl, E. (1970). Logical investigations (2nd ed.) (Findlay, J. N. Trans.). London, UK: Routledge. (Original work published in 1913, 1921).

Jaspers, K. (1963). General Psychopathology (Hoenig, J., & Hamilton, M. W., Trans.). Manchester, UK: Manchester University Press. (Original work published in 1913).

Kornhuber, H. H., & Deecke, L. (1965). Hirnpotentialänderungen bei Willkürbewegungen und passiven Bewegungen des Menschen: Bereitschaftspotential und reafferente Potentiale. Pflüger's Archiv für die gesamte Physiologie des Menschen und der Tiere, 284(1), 1-17.

Libet, B. (1985). Unconscious cerebral initiative and the role of conscious will in voluntary action. Behavioral and brain sciences, 8(4), 529-539.

Nowak, M. A., & Krakauer, D. C. (1999). The evolution of language. Proceedings of the National Academy of Sciences, 96(14), 8028-8033.

Popper, K. (1962). Conjectures and refutations: The growth of scientific knowledge. Basic Books.

Pylyshyn, Z. W. (1984). Computation and cognition: toward a foundation for cognitive science. Cambridge, UK: MIT Press.

Schacter, D. L. (1989). On the relation between memory and consciousness: dissociable interactions and conscious experience. In Roediger, H. L., & Craik, F. I. M. (Eds.), Varieties of memory and consciousness: essays in honour of Endel Tulving. Hillsdale, Michigan: Erlbaum.

Searle, J. R. (1980). Minds, brains, and programs. Behavioral and Brain Sciences, 3(3), 417-424.

Searle, J. R. (1984). Minds, brains and science. Harvard University Press.

Solé, R. V., Corominas-Murtra, B., Valverde, S., & Steels, L. (2010). Language networks: Their structure, function, and evolution. Complexity, 15(6), 20-26.

Wang, L., Yu, C., Chen, H., Qin, W., He, Y., Fan, F., ... & Woodward, T. S. (2010). Dynamic functional reorganization of the motor execution network after stroke. Brain, 133(4), 1224-1238.

Weber, M. (1968). Economy and Society (Roth, G., & Wittich, C. Trans.). Berkeley, US: University of California Press. (Original work published in 1922).

3. 大腦是主觀經歷的舞台

Abelson, R. P., Aronson, E. E., McGuire, W. J., Newcomb, T. M., Rosenberg, M. J., & Tannenbaum, P. H. (1968). Theories of cognitive consistency: A sourcebook.

Adami, C., Ofria, C., & Collier, T. C. (2000). Evolution of biological complexity. Proceedings of the National Academy of Sciences, 97(9), 4463-4468.

Ananth, M. (2008). In defense of an evolutionary concept of health: nature, norms, and human biology. Routledge.

Astington, J. W., & Jenkins, J. M. (1995). Theory of mind development and social understanding. Cognition & Emotion, 9(2-3), 151-165.

Baddeley, A. D., & Hitch, G. (1974). Working memory. In G.H. Bower (Ed.), The psychology of learning and motivation: Advances in research and theory (Vol. 8, pp. 47–89). New York: Academic Press.

Baddeley, R., Hancock, P., & Földiák, P. (Eds.). (1999). Information theory and the brain. Cambridge University Press.

Barkow, J. H., Cosmides, L., & Tooby, J. (1992). The adapted mind: evolutionary psychology and the generation of culture. Oxford, UK: Oxford University Press.

Blackmore, S. (1999). The meme machine. Oxford, UK: Oxford University Press.

Bickerton, D. (1995). Language and human behavior. Seattle: University of Washington Press.

Boyer, P. (2000). Evolution of the modern mind and the origins of culture: religious concepts as a limiting-case. In Carruthers, P., & Chamberlain, A. (Eds.)., Evolution and the human mind: Modularity, language and meta-cognition. Cambridge University Press.

Brooks, D. R., Wiley, E. O., & Brooks, D. R. (1988). Evolution as entropy. Chicago: University of Chicago Press.

Buller, D. J. (2006). Adapting minds: Evolutionary psychology and the persistent quest for human nature. MIT press.

Camerer, C. F. (2011). Dictator, ultimatum, and trust games. In Camerer, C. F., Behavioral game theory: Experiments in strategic interaction. Princeton University Press.

Campbell, B. G. (1999). An outline of human phylogeny. In Peters, C. R., & Lock, A. (Eds.), Handbook of human symbolic evolution. Blackwell.

Colman, A. M. (2013). Game theory and its applications: In the social and biological sciences. Psychology Press.

Conkey, M. W. (1999). A history of the interpretation of European "palaeolithic art": magic, mythogram, and metaphors for modernity. In Peters, C. R., & Lock, A. (Eds.), Handbook of human symbolic evolution. Oxford: Blackwell Publishers Ltd.

Crawford, C. (1998). Environments and adaptations: then and now. In, Crawford, C., & Krebs, D. L. (Ed.). Handbook of evolutionary psychology: ideas, issues, and applications. Mahwah, New Jersey: Lawrence Erlbaum Associates.

Crawford, C., & Krebs, D. L. (Ed.) (1998). Handbook of evolutionary psychology: ideas, issues, and applications. Mahwah, New Jersey: Lawrence Erlbaum Associates.

Cummins, D. D. (1996). Dominance hierarchies and the evolution of human reasoning. Minds and Machines, 6(4), 463-480.

Davies, P. (1999). The Fifth Miracle. Simon and Schuster.

Dawkins, R. (1976). The selfish gene. Oxford, UK: Oxford University Press.

Dawkins, R. (1982). The extended phenotype. Oxford University Press.

Dessalles, J. (2000). Language and hominid politics. In Knight, C., Studdert-Kennedy, M., & Hurford, J. (Eds.). (2000). The evolutionary emergence of language: social function and the origins of linguistic form. Cambridge University Press.

Dretske, F. (1981). Knowledge & the flow of information. Cambridge, Mass: MIT Press.

Dunbar, R. (1996). Grooming, gossip and the evolution of language. Cambridge, Massachusetts: Harvard University Press.

Dunbar, R. (1998). Theory of mind and the evolution of language. In Hurford, J. R., Studdert-Kennedy, M., & Knight, C. (Ed.), Approaches to the evolution of language: social and cognitive bases. Cambridge: Cambridge University Press, pp. 148-166.

Festinger, L. (1962). A theory of cognitive dissonance (Vol. 2). Stanford university press.

Feynman, R. P., Leighton, R. B., & Sands, M. (1963). The Feynman lectures on physics, Vol. I: The new millennium edition: mainly mechanics, radiation, and heat (Vol. 1). Basic books.

Fodor, J. (1983). The modularity of mind: an essay on faculty psychology. Cambridge, Massachusetts: MIT Press.

Franks, B., & Rigby, K. (2005). Deception and mate selection some implications for relevance and the evolution of language. In Tallerman, M., Language origins: Perspectives on evolution (p.208-229). Oxford University Press, USA.

Gleick, J. (2011). The information: a history, a theory, a flood. US: Pantheon Books.

Goldstein, K. (1939). The organism: A holistic approach to biology derived from pathological data in man.

Goodall, J. (1986). The Chimpanzees of Gombe: Patterns of Behavior. Boston: Bellknap, Press of the Harvard University Press.

Harari, Y. N. (2014). Sapiens: a brief history of humankind. Harper. (Original work published in 2011).

Hebb, D. O. (1949). The organization of behavior. New York: Wiley & Sons.

Higginson, A. D., McNamara, J. M., & Houston, A. I. (2016). Fatness and fitness: exposing the logic of evolutionary explanations for obesity. Proceedings of the Royal Society, 283(1822), 20152443.

Holloway, R. (1999). Evolution of the human mind. In Peters, C. R., & Lock, A. (Eds.), Handbook of human symbolic evolution. Blackwell.

Hurford, J. R. (2003). The neural basis of predicate-argument structure. Behavioral and Brain Sciences, 26(3), 261-283.

Janis, I. (1982). Groupthink: psychological studies of policy decisions and fiascoes. Boston, Massachusetts: Houghton Mifflin.

Jaspers, K. (1963). General Psychopathology (Hoenig, J., & Hamilton, M. W., Trans.). Manchester, UK: Manchester University Press. (Original work published in 1913).

Jensen, J., Smith, A. J., Willeit, M., Crawley, A., Mikulis, D. J., Vitcu, I., & Kapur, S. (2006). Separate brain regions code for salience vs. valence during reward prediction in humans. Human brain mapping, 28(4), 294-302.

Joordens, J. C., d'Errico, F., Wesselingh, F. P., Munro, S., De Vos, J., Wallinga, J., ... & Mücher, H. J. (2015). Homo erectus at Trinil on Java used shells for tool production and engraving. Nature, 518(7538), 228-231.

Kempson, R. M. (Ed.). (1988). Mental representations: The interface between language and reality. CUP Archive.

Kuhn, T. S. (1962). The structure of scientific revolutions. University of Chicago Press.

Kahneman, D. (2011). Thinking, fast and slow. Macmillan.

Knight, C. (1998). Ritual/ speech coevolution: a solution to the problem of deception. In Hurford, J. R., Studdert-Kennedy, M., & Knight, C. (Eds.), Approaches to the evolution of language: Social and cognitive bases. Cambridge University Press.

Krause, L., Enticott, P. G., Zangen, A., & Fitzgerald, P. B. (2012). The role of medial prefrontal cortex in theory of mind: a deep rTMS study. Behavioural brain research, 228(1), 87-90.

Krebs, D. L. (1998). The evolution of moral behaviors. In, Crawford, C., & Krebs, D. L. (Ed.). Handbook of evolutionary psychology: ideas, issues, and applications. Mahwah, New Jersey: Lawrence Erlbaum Associates.

Lock, A., & Symes, K. (1999). Social relations, communication, and cognition. In Peters, C. R., & Lock, A. (Eds.), Handbook of human symbolic evolution. Oxford: Blackwell Publishers Ltd.

Marr, D. (2010). Vision: A computational investigation into the human representation and processing of visual information. The MIT Press.

Maslow, A. H. (1943). A theory of human motivation. Psychological review, 50(4), 370-396.

Miller, G. (1956). The magical number seven, plus or minus two: Some limits on our capacity for processing information. The psychological review, 63, 81-97.

Morris, R. G. M. (1989). Computational neuroscience: modelling the brain. In Morris, R. G. M. (Ed.), Parallel distributed processing: Implications for Psychology and Neurobiology (p. 203-213). Oxford: Clarendon Press.

Moscovitch M. 1995. "Confabulation". In (Eds. Schacter D.L., Coyle J.T., Fischbach G.D., Mesulum M.M. & Sullivan L.G.), Memory Distortion. pp. 226–51. Cambridge, Massachusetts: Harvard University Press.

Noble, J. (2000). Cooperation, competition and the evolution of prelinguistic communication. In Knight, C., Studdert-Kennedy, M., & Hurford, J. (Eds.). (2000). The evolutionary emergence of language: social function and the origins of linguistic form. Cambridge University Press.

O'brien, E. J., Rizzella, M. L., Albrecht, J. E., & Halleran, J. G. (1998). Updating a situation model: A memory-based text processing view. Journal of Experimental Psychology: Learning, Memory, and Cognition, 24(5), 1200.

Pinker, S. (2010). The language instinct: How the mind creates language

(Hofmeisterova, M. Trans). London: UK, Penguin Books. (Original work published in 1994).

Plotkin, J. B., & Nowak, M. A. (2000). Language evolution and information theory. Journal of Theoretical Biology, 205(1), 147-159.

Prigogine, I. (1967). Introduction to thermodynamics of irreversible processes (3rd Ed.). New York: Interscience.

Pylyshyn, Z. W. (1984). Computation and cognition: toward a foundation for cognitive science. Cambridge, UK: MIT Press.

Roese, N. J. (1994). The functional basis of counterfactual thinking. Journal of personality and Social Psychology, 66(5), 805.

Rothbart, M. K., & Posner, M. I. (2007). Educating the human brain. American Psychological Association.

Rumelhart, D. E., McClelland, J. L., & PDP Research Group. (1987). Parallel distributed processing. Cambridge, Massachusetts: MIT Press.

Shannon, C. E. (1948). A mathematical theory of communication. The Bell System Technical Journal, 27, 379–423.

Shapley, R. (2004). Parallel neural pathways and visual function. In Gazzaniga, M. S. (2004). The cognitive neurosciences. MIT press.

Spitzer, B., Blankenburg, F., and Summerfield, C. (2016). Rhythmic gain control during supramodal integration of approximate number. NeuroImage, 129, 470–479.

Stark, L., & Theodoridis, G. C. (1973). Information theory in physiology. Engineering principles in physiology, (1), 13-32.

Swenson, R., & Turvey, M. T. (1991). Thermodynamic reasons for perception--action cycles. Ecological Psychology, 3(4), 317-348.

Talmi, D., Atkinson, R., & El-Deredy, W. (2013). The feedback-related negativity signals salience prediction errors, not reward prediction errors. Journal of Neuroscience, 33(19), 8264-8269.

Thompson, V. A., & Byrne, R. M. (2002). Reasoning counterfactually: Making inferences about things that didn't happen. Journal of Experimental Psychology: Learning, Memory, and Cognition, 28(6), 1154.

Tomasello, M. (2005). Understanding and sharing intentions: the origins of cultural cognition.

Tomasello, M., & Call, J. (1997). Primate Cognition. Oxford University Press.

Ts'o, D. Y., & Roe, A. W. (2004). Functional compartments in visual cortex: segregation and interaction. In Gazzaniga, M. S. (2004). The cognitive neurosciences. MIT press.

Umeda, S., Mimura, M., & Kato, M. (2010). Acquired personality traits of autism following damage to the medial prefrontal cortex. Social neuroscience, 5(1), 19-29.

Uomini, N. T., & Meyer, G. F. (2013). Shared brain lateralization patterns in language and Acheulean stone tool production: a functional transcranial Doppler ultrasound study. PLoS One, 8(8), e72693.

Wilson, E. O. (2012). The social conquest of earth. London: Liveright.

Worden, R. (1998). The Evolution of Language from Social Intelligence. In Hurford, J. R., Studdert-Kennedy, M., & Knight, C. (Ed.), Approaches to the evolution of language: social and cognitive bases. Cambridge: Cambridge University Press, pp. 148-166.

Worden, R. P. (2000). Words, memes and language evolution. In Knight, C., Studdert-Kennedy, M., & Hurford, J. (Eds.). (2000). The evolutionary emergence of language: social function and the origins of linguistic form. Cambridge University Press.

World Health Organization. (1948). Frequently asked questions. Retrieved from http://www.who.int/suggestions/faq/en/.

Wynn, T. G. (1999). The evolution of tools and symbolic behaviour. In Peters, C. R., & Lock, A. (Eds.), Handbook of human symbolic evolution. Blackwell.

Yu, C. T. (1988). Being and relation: a theological critique of western dualism and individualism (theology and science at the frontiers of knowledge). Edinburgh, UK: Scottish Academic Press.

Zwaan, R. A., & Radvansky, G. A. (1998). Situation models in language comprehension and memory. Psychological bulletin, 123(2), 162.

4. 主觀經歷的組成

Brentano, F. (1973). Psychology from an empirical standpoint (McAlister, L Ed.; Rancurello, A. C., &Terrell, D. B., Trans.). (Original work published in 1874).

Hnat Hanh, T. (1967). Being peace. Parallax Press.

Hnat Hanh, T. (1991). The miracle of mindfulness. Rider Books.

Husserl, E. (1970). Logical investigations (2nd ed.) (Findlay, J. N. Trans.). London, UK: Routledge. (Original work published in 1913, 1921).

Kabat-Zinn, J. (1990). Full Catastrophe Living: Using the Wisdom of Your Body and Mind to Face Stress, Pain, and Illness. Delta.

Stein, E. (1970). On the problem of empathy (Stein, W. Trans). Washington, USA: ICS Publications. (Original work written in 1916).

Stein, E. (1998). Potency and act: studies toward a philosophy of being (Redmond, W. Trans). Washington, USA: ICS Publications. (Original work written in 1931).

5. 個體參與經歷中

Andreoli, V. (1996). Carlo a mad painter x world congress (Jones, B. Trans). Marsilio.

Card, O. S. (1998). Characters and Viewpoint. Writer's Digest Books. Cincinnati: OH

Macquarrie, J. (1972). Existentialism. London, UK: Westminster.

Stein, E. (1970). On the problem of empathy (Stein, W. Trans). Washington, USA: ICS Publications. (Original work published 1916).

Stein, E. (1998). Potency and act: studies toward a philosophy of being (Redmond, W. Trans). Washington, USA: ICS Publications. (Original work published in 1931).

6. 透過同理心了解他人

Bayer, H. M., & Glimcher, P. W. (2005). Midbrain dopamine neurons encode a quantitative reward prediction error signal. Neuron, 47(1), 129-141.

Colman, A. M. (2013). Game theory and its applications: In the social and biological sciences. Psychology Press.

Corlett, P. R., Murray, G. K., Honey, G. D., Aitken, M. R., Shanks, D. R., Robbins, T. W., ... & Fletcher, P. C. (2007). Disrupted prediction-error signal in psychosis: evidence for an associative account of delusions. Brain, 130(9), 2387-2400.

Eco, U. (1983). The name of the rose (Weaver, W. Trans.). Harcourt. (Original work published in 1980).

Holroyd, C. B., & Coles, M. G. (2002). The neural basis of human error processing: reinforcement learning, dopamine, and the error-related negativity. Psychological review, 109(4), 679-709.

Husserl, E. (1970). Logical investigations (2nd ed.) (Findlay, J. N. Trans.). London, UK: Routledge. (Original work published in 1913, 1921).

Jaspers, K. (1970). Philosophy: Vol. lI (Ashton, E. B. Trans.). Chicago: Universitv of Chicago Press. (Original work published in 1932).

Kant, I. (1998). Critique of pure reason (Guyer, P., & Wood, A. Ed.). Cambridge: Cambridge University Press. (Original work published in 1781).

Lipps, T., (1903). "Einfühlung, Innere Nachahmung und Organempfindung," Archiv für gesamte Psychologie 1: 465–519. (Translated as "Empathy, Inner Imitation and Sense-Feelings," in A Modern Book of Esthetics, 374–382. New York: Holt, Rinehart and Winston, 1979).

Piaget J., & Inhelder, B. (1969). The psychology of the child (Weaver, H. Trans). London: Routledge and Kegan Paul Ltd.

Schultz, W. (2007). Behavioral dopamine signals. Trends in neurosciences, 30(5), 203-210.

Solé, R. V., Corominas-Murtra, B., Valverde, S., & Steels, L. (2010). Language networks: Their structure, function, and evolution. Complexity, 15(6), 20-26.

Stein, E. (1970). On the problem of empathy (Stein, W. Trans). Washington, USA: ICS Publications. (Original work published 1916).

Zacks, J. M. (2008). Neuroimaging studies of mental rotation: a meta-analysis and review. Journal of cognitive neuroscience, 20(1), 1-19.

7. 表徵作為主觀經歷的資訊載體

Amit, D. (1989). Modeling brain function: The world of attractor neural networks. Cambridge: Cambridge University Press.

Aristotle. (2006). Metaphysics (Hardie, R. P., & Gaye, R. K. Trans). Digireads.com. (Original published in 350 BC).

Astington, J. W., & Jenkins, J. M. (1995). Theory of mind development and social understanding. Cognition & Emotion, 9(2-3), 151-165.

Barth, K. (1961). Church Dogmatics. Kentucky: Westminster. (Originally published in 1957)

Borges, J. L. (1962). The Library of Babel ("La biblioteca de Babel"). Editorial Sur. (Originally published in 1941).

Buber, M. (1937). I and Thou ("Ich und Du", Smith, R. G.). London: T&T Clark Ltd. (Originally published in 1925).

Bubic, A., Von Cramon, D. Y., & Schubotz, R. I. (2010). Prediction, cognition and the brain. Frontiers in human neuroscience, 4, 25.

Buckner, R. L., Andrews-Hanne, J. R., & Schacter, D. L. (2008). The brain's default network: anatomy, function, and relevance to disease. Annals of the New York Academy of Sciences, 1124, 1-38.

Callard, F., & Margulies, D. S. (2014). What we talk about when we talk about the default mode network. Frontiers in human neuroscience, 8, 619.

Carruthers, G. (2007). A model of the synchronic self. Consciousness and Cognition, 16, 533-550.

Chen, E. Y. H. (1994). A neural network model of cortical information processing in schizophrenia. I: Interaction between biological and social factors in symptom formation. The Canadian Journal of Psychiatry, 39(8): 362-367.

Chen, E. Y. H. (1995). A neural network model of cortical information processing in schizophrenia. II: role of hippocampal-cortical interaction: a review and a model. The Canadian Journal of Psychiatry, 40(1): 21-26.

Colman, A. M. (2013). Game theory and its applications: In the social and biological sciences. Psychology Press.

Damasio, A. R. (1994). Descarte" error: Emotion, reason and the human brain. Quill.

Damasio, A. R. (1996). The somatic marker hypothesis and the possible functions of the prefrontal cortex. Phil. Trans. R. Soc. Lond. B, 351(1346), 1413-1420.

David, N., Newen, A., & Vogeley, K. (2008). The "sense of agency" and its underlying cognitive and neural mechanisms. Consciousness and cognition, 17(2), 523-534.

de Bono, E. (1970). Lateral thinking: Creativity step by step. Harper Colophon.

Deacon, T. W. (1997). The symbolic species: the co-evolution of language and the brain. W. W. Norton & Company.

Dunbar, R. (1996). Grooming, gossip and the evolution of language. Cambridge, Massachusetts: Harvard University Press.

Eilan, N., Marcel, A., & Bermudez, J. L. (1995). Self Consciousness and the Body: An Interdisciplinary Introduction. In: The body and the Self. MIT press.

Eubank, L., & Gregg, K. (1999). Critical periods and (second) language acquisition: Divide et impera. In Birdsong, D., (Ed.), Second language acquisition and the critical period hypothesis (pp. 65-99). Lawrence Erlbaum.

Fauconnier, G., & Turner, M. (2008). The way we think: Conceptual blending and the mind's hidden complexities. Basic Books.

Forabosco, G. (1992). Cognitive aspects of the humor process: The concept of incongruity. Humor-International Journal of Humor Research, 5(1-2), 45-68.

Fuster, J. M. (1990). Prefrontal cortex and the bridging of temporal gaps in the perception-action cycle. Annals of the New York Academy of Sciences, 608(1), 318-336.

Fuster, J. M. (2002). Physiology of executive functions: The perception-action cycle (Chapter 6). In Principles of frontal lobe function (Stuss, D. T., & Knight, R. T. Ed.), Oxford University Press.

Fuster, J. M. (2004). Upper processing stages of the perception–action cycle. Trends in cognitive sciences, 8(4), 143-145.

Gallagher, S. (2000). Philosophical conceptions of the self: implications for cognitive science. Trends in cognitive sciences, 4(1), 14-21.

Gallese, V., & Goldman, A. (1998). Mirror neurons and the simulation theory of mind reading. Trends in Cognitive Science, 12, 493–501.

Gallese, V., Keysers, C., & Rizzolatti, G. (2004). A unifying view of the basis of social cognition. Trends in Cognitive Science, 8, 396–403.

Gallup, G. G., Platek, S. M., & Spaulding, K. N. (2014). The nature of visual self-recognition revisited. Trends in cognitive sciences, 18(2), 57-58.

Haggard, P., Clark, S., & Kalogeras, J. (2002). Voluntary action and conscious awareness. Nature neuroscience, 5(4), 382.

Haslam, N. (2006). Dehumanization: An integrative review. Personality and social psychology review, 10(3), 252-264.

Hegel, G. W. F. (1977). The phenomenology of spirit (Miller, A. V. Trans). Oxford, UK: Clarendon Press. (Original work published in 1807).

Hemelrijk, C. K., & Hildenbrandt, H. (2012). Schools of fish and flocks of birds: their shape and internal structure by self-organization. Interface focus, rsfs20120025.

Hinton, G. E. (1989). Learning distributed representations of concepts. In Morris, R. G. M. (Ed.), Parallel distributed processing: Implications for Psychology and Neurobiology (p. 46-61). Oxford: Clarendon Press.

Hocevar, D. (1980). Intelligence, divergent thinking, and creativity. Intelligence, 4(1), 25-40.

Hohwy, J. (2007). The sense of self in the phenomenology of agency and perception. Psyche, 13(1), 1-20.

Hommel, B. (2001). The theory of event coding (TEC): a framework for perception and action planning

Hurford, J. R. (2003). The neural basis of predicate-argument structure. Behavioral and Brain Sciences, 26(3), 261-283.

Johnson, M., & Lakoff, G. (2002). Why cognitive linguistics requires embodied realism. Cognitive linguistics, 13(3), 245-264.

Kempson, R. M. (Ed.). (1988). Mental representations: The interface between language and reality. CUP Archive.

Koestler, A. (1964). The Act of Creation. UK: Hutchinson.

Kühn, S., Haggard, P., & Brass, M. (2009). Intentional inhibition: How the "veto-area" exerts control. Human brain mapping, 30(9), 2834-2843.

Lakoff, G. (2012). Explaining embodied cognition results. Topics in cognitive science, 4(4), 773-785.

Leiner, B. M., Cerf, V. G., Clark, D. D., Kahn, R. E., Kleinrock, L., Lynch, D. C., Postel, J.,... & Wolff, S. (1997). Brief History of Internet. Internet Society.

Lewis, M. D. (2002). The dialogical brain: Contributions of emotional neurobiology to understanding the dialogical self. Theory & Psychology, 12(2), 175-190.

Little, D. Y., & Sommer, F. T. (2011). Learning in embodied action-perception loops through exploration. arXiv preprint arXiv:1112.1125.

Little, D. Y. & Sommer, F. T. (2013). Learning and exploration in action-perception loops. Frontiers in neural circuits, 7, 37.

MacDonald, C. & MacDonald, G. (1995, Ed.). Connectionism: Debates on Psychological Explanation. Oxford: Blackwell Publishers.

Macquarrie, J. (1972) Existentialism. Westminster.

Martin, M. G. F. (1995). Bodily awareness: A sense of ownership. In: Eilan, N., Marcel, A., & Bermudez, J. L. (Eds.), The body and the self, MIT Press. MIT Press.

Miller, R. (1991). Cortico-hippocampal interplay and the representation of contexts in the brain. Springer Science & Business Media.

Morris, D. J. (1978). Manwatching: A Field Guide to Human Behaviour. Abrams.

Northoff, G., Heinzel, A., De Greck, M., Bermpohl, F., Dobrowolny, H., & Panksepp, J. (2006). Self-referential processing in our brain—a meta-analysis of imaging studies on the self. Neuroimage, 31(1), 440-457.

O'brien, E. J., Rizzella, M. L., Albrecht, J. E., & Halleran, J. G. (1998). Updating a situation model: A memory-based text processing view. Journal of Experimental Psychology: Learning, Memory, and Cognition, 24(5), 1200.

Pavlov, D. S., & Kasumyan, A. O. (2000). Patterns and mechanisms of schooling behavior in fish: a review. Journal of Ichthyology, 40(2), S163.

Piaget J., & Inhelder, B. (1969). The psychology of the child (Weaver, H. Trans).

Pinker, S. (1994). The language instinct: The new science of language and mind. London: Penguin.

Plato. (1952). The seventh letter. London, UK: Forgotten Books. (Original work published in 360BC).

Pryzwara, E. (2014). Analogia Entis: Metaphysics: Original Structure and Universal Rhythm (Betz, J. R, & Hart, D. B. Trans.). Eerdmans.

Rizzolatti, G., Fadiga, L., Gallese, V., & Fogassi, L. (1996). Premotor cortex and the recognition of motor actions. Brain Research. Cognitive Brain Research, 3, 131–141.

Roese, N. J. (1994). The functional basis of counterfactual thinking. Journal of personality and Social Psychology, 66(5), 805.

Rolls, E. T. (1996). A theory of hippocampal function in memory. Hippocampus, 6(6), 601-620.

Rolls, E. T. (1989). Parallel distributed processing in the brain: implication of the functional architecture of neuronal networks in the hippocampus. In Morris, R. G. M. (Ed.), Parallel distributed processing: Implications for Psychology and Neurobiology (p. 286-308). Oxford: Clarendon Press.

Rumelhart, D. E., McClelland, J. L., & PDP Research Group. (1987). Parallel distributed processing. Cambridge, Massachusetts: MIT Press.

Rumelhart, D. E., Smolensky, P., McClelland, J. L., & Hinton, G. E. (1987). Schemata and sequential thought processes in PDP models (Chapter 14). In Rumelhart, D. E., McClelland, J. L., & PDP Groups, Parallel distributed processing. Cambridge, Massachusetts: MIT Press.

Schacter, D. L., Addis, D. R., & Buckner, R. L. (2007). Remembering the past to imagine the future: the prospective brain. Nature Reviews Neuroscience, 8(9), 657.

Schneider, F., Bermpohl, F., Heinzel, A., Rotte, M., Walter, M., Tempelmann, C., ... & Northoff, G. (2008). The resting brain and our self: self-relatedness modulates resting state neural activity in cortical midline structures. Neuroscience, 157(1), 120-131.

Schwenkler, J. L. (2008). Mental vs. embodied models of mirrored self-recognition: Some preliminary considerations. In Hardy-Valee, B., & Payette, N. (Ed.), Beyond the brain: Embodied, situated, and distributed cognition. Cambridge Scholars Press.

Smith, K. S., Berridge, K. C., & Aldridge, J. W. (2011). Disentangling pleasure from incentive salience and learning signals in brain reward circuitry. Proceedings of the National Academy of Sciences, 108(27), E255-E264.

Solé, R. V., Corominas-Murtra, B., Valverde, S., & Steels, L. (2010). Language networks: Their structure, function, and evolution. Complexity, 15(6), 20-26.

Sommer, M. A., & Wurtz, R. H. (2008). Brain circuits for the internal monitoring of movements. Annual Review of Neuroscience, 31: 317-338.

Stein, E. (1998). Potency and act: studies toward a philosophy of being (Redmond, W. Trans). Washington, USA: ICS Publications. (Original work published in 1931).

Stein, E. (1970). On the problem of empathy (Stein, W. Trans). Washington, USA: ICS Publications. (Original work written in 1916).

Stickgold, R. (2005). Sleep-dependent memory consolidation. Nature, 437(7063), 1272.

Stickgold, R. (1998). Sleep: off-line memory reprocessing. Trends in cognitive sciences, 2(12), 484-492.

Suls, J. (1983). Cognitive processes in humor appreciation. In Handbook of humor research (pp. 39-57). Springer, New York, NY.

Swenson, R., & Turvey, M. T. (1991). Thermodynamic reasons for perception-action cycles. Ecological Psychology, 3(4): 317-348.

Synofzik, M., Thier, P., Leube, D. T., Schlotterbeck, P., & Lindner, A. (2009). Misattributions of agency in schizophrenia are based on imprecise predictions about the sensory consequences of one's actions. Brain, 133(1), 262-271.

Tomasello, M., & Call, J. (1997). Primate cognition. New York: Oxford University Press.

Tulving, E. (1985). Elements of episodic memory. Oxford science publications.

Turvey, M. T., & Fitzpatrick, P. (1993). Commentary: Development of perception-action systems and general principles of pattern formation. Child development, 64(4), 1175-1190.

van Buuren, M., Vink, M., & Kahn, R. S. (2012). Default-mode network dysfunction and self-referential processing in healthy siblings of schizophrenia patients. Schizophrenia research, 142(1), 237-243.

Vogeley, K., & Fink, G. R. (2003). Neural correlates of the first-person-perspective. Trends in cognitive sciences, 7(1), 38-42.

Wamsley, E. J. (2014). Dreaming and offline memory consolidation. Current neurology and neuroscience reports, 14(3), 433.

Wamsley, E. J., & Stickgold, R. (2010). Dreaming and offline memory processing. Current Biology, 20(23), R1010-1013.

Wiedemann, C. (2007). Memory consolidation... while you are sleeping. Nature Reviews Neuroscience, 8(2), 86-88.

Wisniewski, E. J. (1997). When concepts combine. Psychonomic Bulletin & Review, 4(2), 167-183.

Yu, C. T. (1988). Being and relation: a theological critique of western dualism and individualism (theology and science at the frontiers of knowledge). Edinburgh, UK: Scottish Academic Press.

Zwaan, R. A., & Radvansky, G. A. (1998). Situation models in language comprehension and memory. Psychological bulletin, 123(2), 162.

8. 精神病理學的大腦發展觀點

Amit, D. (1989). Modeling brain function: The world of attractor neural networks. Cambridge: Cambridge University Press.

Astington, J. W., & Jenkins, J. M. (1995). Theory of mind development and social understanding. Cognition & Emotion, 9(2-3), 151-165.

Bliss, T. V. & Lomo, T. (1973). Long-lasting potentiation of synaptic transmission in the dentate area of the anaesthetized rabbit following stimulation of the perforant path. The Journal of Physiology, 232(2), 331–356.

Bregman, A. S. (1990). Auditory scene analysis. MIT Press: Cambridge.

Bubic, A., Von Cramon, D. Y., & Schubotz, R. I. (2010). Prediction, cognition and the brain. Frontiers in human neuroscience, 4, 25.

Buckner, R. L., Andrews-Hanne, J. R., & Schacter, D. L. (2008). The brain's default network: anatomy, function, and relevance to disease. Annals of the New York Academy of Sciences, 1124, 1-38.

Callard, F., & Margulies, D. S. (2014). What we talk about when we talk about the default mode network. Frontiers in human neuroscience, 8, 619.

Carruthers, G. (2007). A model of the synchronic self. Consciousness and Cognition, 16, 533-550.

Chechik, G., Meilijson, I., & Ruppin, E. (1998). Synaptic pruning in development: a computational account. Neural computation, 10(7), 1759-1777.

Chen, E. Y. H. (1994). A neural network model of cortical information processing in schizophrenia. I: Interaction between biological and social factors in symptom formation. The Canadian Journal of Psychiatry, 39(8): 362-367.

Chen, E. Y. H. (1995). A neural network model of cortical information processing in schizophrenia. II: role of hippocampal-cortical interaction: a review and a model. The Canadian Journal of Psychiatry, 40(1): 21-26.

Cheour, M., Ceponiene, R., Lehtokoski, A., Luuk, A., Allik, J., Alho, K., & Näätänen, R. (1998). Development of language-specific phoneme representations in the infant brain. Nature neuroscience, 1(5), 351-353.

Colman, A. M. (2013). Game theory and its applications: In the social and biological sciences. Psychology Press.

Craik, F. I., & Bialystok, E. (2006). Cognition through the lifespan: mechanisms of change. Trends in cognitive sciences, 10(3), 131-138.

Crews, F., He, J., & Hodge, C. (2007). Adolescent cortical development: a critical period of vulnerability for addiction. Pharmacology Biochemistry and Behavior, 86(2), 189-199.

Damasio, A. R. (1994). Descarte" error: Emotion, reason and the human brain. Quill.

Damasio, A. R. (1996). The somatic marker hypothesis and the possible functions of the prefrontal cortex. Phil. Trans. R. Soc. Lond. B, 351(1346), 1413-1420.

David, N., Newen, A., & Vogeley, K. (2008). The "sense of agency" and its underlying cognitive and neural mechanisms. Consciousness and cognition, 17(2), 523-534.

de Bono, E. (1970). Lateral thinking: Creativity step by step. Harper Colophon.

Deacon, T. W. (1997). The symbolic species: the co-evolution of language and the brain. W. W. Norton & Company.

DeWitt, I., & Rauschecker, J. P. (2012). Phoneme and word recognition in the auditory ventral stream. Proceedings of the National Academy of Sciences, 109(8), E505-E514.

Dunbar, R. (1996). Grooming, gossip and the evolution of language. Cambridge, Massachusetts: Harvard University Press.

Eilan, N., Marcel, A., & Bermudez, J. L. (1995). Self Consciousness and the Body: An Interdisciplinary Introduction. In: The body and the Self. MIT press.

Eubank, L., & Gregg, K. (1999). Critical periods and (second) language acquisition: Divide et impera. In Birdsong, D., (Ed.), Second language acquisition and the critical period hypothesis (pp. 65-99). Lawrence Erlbaum.

Fauconnier, G., & Turner, M. (2008). The way we think: Conceptual blending and the mind's hidden complexities. Basic Books.

Forabosco, G. (1992). Cognitive aspects of the humor process: The concept of incongruity. Humor-International Journal of Humor Research, 5(1-2), 45-68.

Fung, Y. L. (1958). A short history of Chinese philosophy (Bodde, D. Trans.).

New York: Macmillan.

Fuster, J. M. (1990). Prefrontal cortex and the bridging of temporal gaps in the perception-action cycle. Annals of the New York Academy of Sciences, 608(1), 318-336.

Fuster, J. M. (2002). Physiology of executive functions: The perception-action cycle (Chapter 6). In Principles of frontal lobe function (Stuss, D. T., & Knight, R. T. Ed.), Oxford University Press.

Fuster, J. M. (2004). Upper processing stages of the perception–action cycle. Trends in cognitive sciences, 8(4), 143-145.

Gallagher, S. (2000). Philosophical conceptions of the self: implications for cognitive science. Trends in cognitive sciences, 4(1), 14-21.

Gallese, V., & Goldman, A. (1998). Mirror neurons and the simulation theory of mind reading. Trends in Cognitive Science, 12, 493–501.

Gallese, V., Keysers, C., & Rizzolatti, G. (2004). A unifying view of the basis of social cognition. Trends in Cognitive Science, 8, 396–403.

Gallup, G. G., Platek, S. M., & Spaulding, K. N. (2014). The nature of visual self-recognition revisited. Trends in cognitive sciences, 18(2), 57-58.

Geertz, C. (1973). Religion as a cultural system. In Geertz, C. The interpretation of cultures: selected essays. New York, USA: Basic Books.

Haggard, P., Clark, S., & Kalogeras, J. (2002). Voluntary action and conscious awareness. Nature neuroscience, 5(4), 382.

Hartshorne, J. K., Tenenbaum, J. B., & Pinker, S. (2018). A critical period for second language acquisition: Evidence from 2/3 million English speakers. Cognition, 177, 263-277.

Haslam, N. (2006). Dehumanization: An integrative review. Personality and social psychology review, 10(3), 252-264.

Hegel, G. W. F. (1977). The phenomenology of spirit (Miller, A. V. Trans). Oxford, UK: Clarendon Press. (Original work published in 1807).

Hemelrijk, C. K., & Hildenbrandt, H. (2012). Schools of fish and flocks of birds: their shape and internal structure by self-organization. Interface focus, rsfs20120025.

Hinton, G. E. (1989). Learning distributed representations of concepts. In Morris, R. G. M. (Ed.), Parallel distributed processing: Implications for Psychology and Neurobiology (p. 46-61). Oxford: Clarendon Press.

Hiratani, N., & Fukai, T. (2015). Signal Variability Reduction and Prior Expectation Generation through Wiring Plasticity. bioRxiv, 024406.

Hocevar, D. (1980). Intelligence, divergent thinking, and creativity. Intelligence, 4(1), 25-40.

Hohwy, J. (2007). The sense of self in the phenomenology of agency and perception. Psyche, 13(1), 1-20.

Hommel, B. (2001). The theory of event coding (TEC): a framework for perception and action planning

Hurford, J. R. (2003). The neural basis of predicate-argument structure. Behavioral and Brain Sciences, 26(3), 261-283.

Husserl, E. (1993). Early Writings in the Philosophy of Logic and Mathematics (Willard, D. Trans). Dordrecht, Netherlands: Kluwer. (Original work published in 1890-1908).

Husserl, E. (1970). Logical investigations (2nd ed.) (Findlay, J. N. Trans.). London, UK: Routledge. (Original work published in 1913, 1921).

Johnson, M., & Lakoff, G. (2002). Why cognitive linguistics requires embodied realism. Cognitive linguistics, 13(3), 245-264.

Kempson, R. M. (Ed.). (1988). Mental representations: The interface between language and reality. CUP Archive.

Kühn, S., Haggard, P., & Brass, M. (2009). Intentional inhibition: How the "veto-area" exerts control. Human brain mapping, 30(9), 2834-2843.

Lakoff, G. (2012). Explaining embodied cognition results. Topics in cognitive science, 4(4), 773-785.

Leiner, B. M., Cerf, V. G., Clark, D. D., Kahn, R. E., Kleinrock, L., Lynch, D. C., Postel, J.,... & Wolff, S. (1997). Brief History of Internet. Internet Society.

Lenneberg, E. H. (1967). The biological foundations of language. New York: Wiley and Sons.

Lewis, M. D. (2002). The dialogical brain: Contributions of emotional neurobiology to understanding the dialogical self. Theory & Psychology, 12(2), 175-190.

Little, D. Y., & Sommer, F. T. (2011). Learning in embodied action-perception loops through exploration. arXiv preprint arXiv:1112.1125.

Little, D. Y. & Sommer, F. T. (2013). Learning and exploration in action-perception loops. Frontiers in neural circuits, 7, 37.

MacDonald, C. & MacDonald, G. (1995, Ed.). Connectionism: Debates on Psychological Explanation. Oxford: Blackwell Publishers.

Macquarrie, J. (1972) Existentialism. Westminster.

Malenka, R. C. & Bear, M. F. (2004). LTP and LTD: an embarrassment of riches. Neuron, 44 (1), 5–21.

Martin, M. G. F. (1995). Bodily awareness: A sense of ownership. In: Eilan, N., Marcel, A., & Bermudez, J. L. (Eds.), The body and the self, MIT Press. MIT Press.

Miller, R. (1991). Cortico-hippocampal interplay and the representation of contexts in the brain. Springer Science & Business Media.

Morris, D. J. (1978). Manwatching: A Field Guide to Human Behaviour. Abrams.

Northoff, G., Heinzel, A., De Greck, M., Bermpohl, F., Dobrowolny, H., & Panksepp, J. (2006). Self-referential processing in our brain—a meta-analysis of imaging studies on the self. Neuroimage, 31(1), 440-457.

O'brien, E. J., Rizzella, M. L., Albrecht, J. E., & Halleran, J. G. (1998). Updating a situation model: A memory-based text processing view. Journal of Experimental Psychology: Learning, Memory, and Cognition, 24(5), 1200.

Paller, K. A., & Voss, J. L. (2004). Memory reactivation and consolidation during sleep. Learning & Memory, 11, 664-670.

Pavlov, D. S., & Kasumyan, A. O. (2000). Patterns and mechanisms of schooling behavior in fish: a review. Journal of Ichthyology, 40(2), S163.

Piaget J., & Inhelder, B. (1969). The psychology of the child (Weaver, H. Trans).

Pinker, S. (1994). The language instinct: The new science of language and mind. London: Penguin.

Plato. (1952). The seventh letter. London, UK: Forgotten Books. (Original work published in 360BC).

Pryzwara, E. (2014). Analogia Entis: Metaphysics: Original Structure and Universal Rhythm (Betz, J. R, & Hart, D. B. Trans.). Eerdmans.

Rizzolatti, G., Fadiga, L., Gallese, V., & Fogassi, L. (1996). Premotor cortex and the recognition of motor actions. Brain Research. Cognitive Brain Research, 3, 131–141.

Roese, N. J. (1994). The functional basis of counterfactual thinking. Journal of personality and Social Psychology, 66(5), 805.

Rolls, E. T. (1996). A theory of hippocampal function in memory. Hippocampus, 6(6), 601-620.

Rolls, E. T. (1989). Parallel distributed processing in the brain: implication of the functional architecture of neuronal networks in the hippocampus. In Morris, R. G. M. (Ed.), Parallel distributed processing: Implications for Psychology and Neurobiology (p. 286-308). Oxford: Clarendon Press.

Rovee-Collier, C. (1995). Time windows in cognitive development. Developmental Psychology, 31(2), 147-169.

Rumelhart, D. E., McClelland, J. L., & PDP Research Group. (1987). Parallel distributed processing. Cambridge, Massachusetts: MIT Press.

Rumelhart, D. E., Smolensky, P., McClelland, J. L., & Hinton, G. E. (1987). Schemata and sequential thought processes in PDP models (Chapter 14). In Rumelhart, D. E., McClelland, J. L., & PDP Groups, Parallel distributed processing. Cambridge, Massachusetts: MIT Press.

Slabakova, R. (2006). Is there a critical period for semantics?. Second Language Research, 22(3), 302-338.

Schacter, D. L., Addis, D. R., & Buckner, R. L. (2007). Remembering the past to imagine the future: the prospective brain. Nature Reviews Neuroscience, 8(9), 657.

Schneider, F., Bermpohl, F., Heinzel, A., Rotte, M., Walter, M., Tempelmann, C., ... & Northoff, G. (2008). The resting brain and our self: self-relatedness modulates resting state neural activity in cortical midline structures. Neuroscience, 157(1), 120-131.

Schwenkler, J. L. (2008). Mental vs. embodied models of mirrored self-recognition: Some preliminary considerations. In Hardy-Valee, B., & Payette, N. (Ed.), Beyond the brain: Embodied, situated, and distributed cognition. Cambridge Scholars Press.

Smith, K. S., Berridge, K. C., & Aldridge, J. W. (2011). Disentangling pleasure from incentive salience and learning signals in brain reward circuitry. Proceedings of the National Academy of Sciences, 108(27), E255-E264.

Solé, R. V., Corominas-Murtra, B., Valverde, S., & Steels, L. (2010). Language networks: Their structure, function, and evolution. Complexity, 15(6), 20-26.

Sommer, M. A., & Wurtz, R. H. (2008). Brain circuits for the internal monitoring of movements. Annual Review of Neuroscience, 31: 317-338.

Stein, E. (1998). Potency and act: studies toward a philosophy of being (Redmond, W. Trans). Washington, USA: ICS Publications. (Original work published in 1931).

Stein, E. (1970). On the problem of empathy (Stein, W. Trans). Washington, USA: ICS Publications. (Original work written in 1916).

Steinberg, L. (2005). Cognitive and affective development in adolescence. Trends in cognitive sciences, 9(2), 69-74.

Stickgold, R. (2005). Sleep-dependent memory consolidation. Nature, 437(7063), 1272.

Stickgold, R. (1998). Sleep: off-line memory reprocessing. Trends in cognitive sciences, 2(12), 484-492.

Suls, J. (1983). Cognitive processes in humor appreciation. In Handbook of humor research (pp. 39-57). Springer, New York, NY.

Squire, L. R. (1987). Memory and brain. New York: Oxford University Press.

Swenson, R., & Turvey, M. T. (1991). Thermodynamic reasons for perception-action cycles. Ecological Psychology, 3(4): 317-348.

Synofzik, M., Thier, P., Leube, D. T., Schlotterbeck, P., & Lindner, A. (2009). Misattributions of agency in schizophrenia are based on imprecise predictions about the sensory consequences of one's actions. Brain, 133(1), 262-271.

Tomasello, M., & Call, J. (1997). Primate cognition. New York: Oxford University Press.

Tulving, E. (1985). Elements of episodic memory. Oxford science publications.

Turvey, M. T., & Fitzpatrick, P. (1993). Commentary: Development of perception-action systems and general principles of pattern formation. Child development, 64(4), 1175-1190.

van Buuren, M., Vink, M., & Kahn, R. S. (2012). Default-mode network dysfunction and self-referential processing in healthy siblings of schizophrenia patients. Schizophrenia research, 142(1), 237-243.

Vogeley, K., & Fink, G. R. (2003). Neural correlates of the first-person-perspective. Trends in cognitive sciences, 7(1), 38-42.

Wamsley, E. J. (2014). Dreaming and offline memory consolidation. Current neurology and neuroscience reports, 14(3), 433.

Wamsley, E. J., & Stickgold, R. (2010). Dreaming and offline memory processing. Current Biology, 20(23), R1010-1013.

Wiedemann, C. (2007). Memory consolidation... while you are sleeping. Nature Reviews Neuroscience, 8(2), 86-88.

Wisniewski, E. J. (1997). When concepts combine. Psychonomic Bulletin & Review, 4(2), 167-183.

Yu, C. T. (1988). Being and relation: a theological critique of western dualism and individualism (theology and science at the frontiers of knowledge). Edinburgh, UK: Scottish Academic Press.

Zwaan, R. A., & Radvansky, G. A. (1998). Situation models in language comprehension and memory. Psychological bulletin, 123(2), 162.

9. 內心表徵失效與病理

Amit, D. (1989). Modeling brain function: The world of attractor neural networks. Cambridge: Cambridge University Press.

Andreasen, N. C. (1979). Thought, language, and communication disorders: II. Diagnostic significance. Archives of general Psychiatry, 36(12), 1325-1330.

Baron-Cohen, S., Leslie, A. M., & Frith, U. (1985). Does the autistic child have a "theory of mind"? Cognition, 21(1), 37-46.

Blackmore, S. (1999). The meme machine. Oxford, UK: Oxford University Press.

Buckner, R. L., Andrews-Hanne, J. R., & Schacter, D. L. (2008). The brain's default network: anatomy, function, and relevance to disease. Annals of the New York Academy of Sciences, 1124, 1-38.

Chaika, E. (1995). On analyzing schizophrenic speech: what model should we use? In Sims, A. (Ed). Speech and language disorders in psychiatry. The Royal College of Psychiatrists.

Chen, E. Y. H. (1994). A neural network model of cortical information processing in schizophrenia. I: Interaction between biological and social factors in symptom formation. The Canadian Journal of Psychiatry, 39(8): 362-367.

Chen, E. Y. H. (1995). A neural network model of cortical information processing in schizophrenia. II: role of hippocampal-cortical interaction: a review and a model. The Canadian Journal of Psychiatry, 40(1): 21-26.

Crow, T. J. (1980). Molecular pathology of schizophrenia: More than one disease process? British Journal of Medical Psychology, 280, 66-68.

Crow, T. J. (1982). Two syndromes in schizophrenia? Trends in Neurosciences, 5, 351-354.

Dawkins, R. (1976). The selfish gene. New York: Oxford University Press.

Eichenbaum, H., Schoenbaum, G., Young, B., & Bunsey, M. (1996). Functional organization of the hippocampal memory system. Proceedings of the National Academy of Sciences of the USA, 93(24), 13500-13507.

Feinberg, T. E., Schindler, R. J., Flanagan, N. G., & Haber, L. D. (1992). Two alien hand syndromes. Neurology, 42(1), 19-19.

Fish, F. J., & Hamilton, M. (1985). Fish's clinical psychopathology: signs and symptoms in psychiatry (2nd ed.). Bristol, UK: Wright.

Frau, R., Orrù, M., Puligheddu, M., et al. (2008) Sleep deprivation disrupts prepulse inhibition of the startle reflex: Reversal by antipsychotic drugs. Internal Journal of Neuropsychopharmacology, 11, 947–955.

Frith, C. D. (2004). Schizophrenia and theory of mind. Psychological medicine, 34(3), 385-389.

Frith, C. D., & Corcoran, R. (1996). Exploring 'theory of mind' in people with schizophrenia. Psychological medicine, 26(3), 521-530.

Frith, C. D., & Done, D. J. (1989). Experiences of alien control in schizophrenia reflect a disorder in the central monitoring of action. Psychological medicine, 19(2), 359-363.

Goldberg, G. (1985). Supplementary motor area structure and function: review and hypotheses. Behavioral and brain Sciences, 8(4), 567-588.

Graesser, A. C., Bowers, C., Olde, B., & Pomeroy, V. (1999). Who said what? Source memory for narrator and character agents in literary short stories. Journal of educational psychology, 91(2), 284.

Green, M. J., & Philips, M. L. (2004). Social threat perception and the evolution of paranoia. Neuroscience and Biobehavioral Reviews, 28, 333-342.

Harpending, H., & Cochran, G. (2009) The 10,000 year explosion. Basic Books.

Haslam, N. (2006). Dehumanization: An integrative review. Personality and social psychology review, 10(3), 252-264.

Hensch, T. K. (2005). Critical period plasticity in local cortical circuits. Nature Reviews Neuroscience, 6(11), 877-888.

Hermans, H. J. M., & Kempen, H. J. G. (1993). The dialogical self: meaning as movement. San Diego: Academic Press.

Hermans, H. J., & Dimaggio, G. (2007). Self, identity, and globalization in times of uncertainty: A dialogical analysis. Review of general psychology, 11(1), 31.

Hoffman, R. E., & McGlashan, T. H. (1993). Parallel distributed processing and the emergence of schizophrenic symptoms. Schizophrenia Bulletin, 19(1), 119-140.

Humphrey, N. (1986) The Inner Eye. London: Faber and Faber.

Jackson, J. H. (1932). Selected Writings of John Hughlings Jackson (Taylor, J. Ed.). London, UK: Hodder and Stoughton.

Jaspers, K. (1963). General Psychopathology (Hoenig, J., & Hamilton, M. W., Trans.). Manchester, UK: Manchester University Press. (Original work published in 1913).

Jones, S. R., & Fernyhough, C. (2007). Neural correlates of inner speech and auditory verbal hallucinations: a critical review and theoretical integration. Clinical psychology review, 27(2), 140-154.

Keysar, B., Lin, S., & Barr, D. J. (2003). Limits on theory of mind use in adults. Cognition, 89(1), 25-41.

Lewis, M. D. (2002). The dialogical brain: Contributions of emotional neurobiology to understanding the dialogical self. Theory & Psychology, 12(2), 175-190.

Lhermitte, F. (1986). Human autonomy and the frontal lobes. Part II: patient behavior in complex and social situations: the "environmental dependency syndrome". Annals of neurology, 19(4), 335-343.

Longenecker, J., Hui, C., Chen, E. Y. H., & Elvevag, B. (2016). Concepts of "self" in delusion resolution. Schizophrenia Research Cognition, 3, 8-10.

McGlashan T. H., & Hoffman, R. E. (2000). Schizophrenia as a disorder of developmentally reduced synaptic connectivity. Archives of General Psychiatry, 57, 637–648.

McGuire, P. K., David, A. S., Murray, R. M., Frackowiak, R. S. J., Frith, C. D., Wright, I., & Silbersweig, D. A. (1995). Abnormal monitoring of inner speech: a physiological basis for auditory hallucinations. The Lancet,

346(8975), 596-600.

McGuire, P. K., Silbersweig, D. A., Wright, I., Murray, R. M., Frackowiak, R. S., & Frith, C. D. (1996). The neural correlates of inner speech and auditory verbal imagery in schizophrenia: relationship to auditory verbal hallucinations. The British Journal of Psychiatry, 169(2), 148-159.

Miller, R. (2008). A neurodynamic theory of schizophrenia and related disorders.

Moscovitch M. (1995). "Confabulation". In (Eds. Schacter D.L., Coyle J.T., Fischbach G.D., Mesulum M.M. & Sullivan L.G.), Memory Distortion. pp. 226–51. Cambridge, Massachusetts: Harvard University Press.

Murray, J. D., Anticevic, A., Gancsos, M., Ichinose, M., Corlett, P. R., Krystal, J. H., &

Northoff, G., Heinzel, A., De Greck, M., Bermpohl, F., Dobrowolny, H., & Panksepp, J. (2006). Self-referential processing in our brain—a meta-analysis of imaging studies on the self. Neuroimage, 31(1), 440-457.

Petrovsky, N., Ettinger, U., Hill, A., Frenzel, L., Meyhofer, I., Wagner, M., ... , & Kumari, V. (2014). Sleep deprivation disrupts prepulse inhibition and induces psychosis-like symptoms in healthy humans. The Journal of Neuroscience, 34(27), 9134-9140.

Phillips, W. A., & Silverstein, S. M. (2003). Convergence of biological and psychological perspectives on cognitive coordination in schizophrenia. Behavioral and Brain Sciences, 26(1), 65-82.

Piaget J., & Inhelder, B. (1969). The psychology of the child (Weaver, H. Trans).

Rolls, E. T. (1989). Parallel distributed processing in the brain: implication of the functional architecture of neuronal networks in the hippocampus. In Morris, R. G. M. (Ed.), Parallel distributed processing: Implications for Psychology and Neurobiology (p. 286-308). Oxford: Clarendon Press.

Rumelhart, D. E., McClelland, J. L., & PDP Research Group. (1987). Parallel distributed processing. Cambridge, Massachusetts: MIT Press.

Samuels, A. (1985). Jung and the post-Jungians. Routledge & Kegan Paul Inc.

Scheneider, K. (1959). Clinical psychopathology. New York: Grune and Stratton.

Senkfor, A. J., & Van Petten, C. (1998). Who said what? An event-related potential investigation of source and item memory. Journal of Experimental Psychology: Learning, Memory, and Cognition, 24(4), 1005.

Serrano-Pedraza, I., Romero-Ferreiro, V., Read, J. C., Diéguez-Risco, T., Bagney, A., Caballero-González, M., ... & Rodriguez-Jimenez, R. (2014). Reduced visual surround suppression in schizophrenia shown by measuring contrast detection thresholds. Frontiers in psychology, 5, 1431.

Sherman, J. W., Macrae, C. N., & Bodenhausen, G. V. (2011). Attention and Stereotyping: Cognitive Constraints on the Construction of Meaningful Social Impressions. European Review of Social Psychology, 11(1), 145-175.

Silverstein, S. M., & Keane, B. P. (2011). Perceptual organization impairment in schizophrenia and associated brain mechanisms: review of research from 2005 to 2010. Schizophrenia bulletin, 37(4), 690-699.

Singer, W. (2000). Phenomenal awareness and consciousness from a neurobiological perspective. Neural correlates of consciousness: Empirical and conceptual questions, 121-137.

Smolensky, P. (1995). On the Proper Treatment of Connectionism. In MacDonald, C. & MacDonald, G. (1995). Connectionism: Debates on Psychological Explanation. Oxford: Blackwell Publishers.

Thom, R. (1975). Structural stability and morphogenesis: an outline of a general theory of models (Fowler, D. H. Trans.) ("Stabilite strcuturelle et morphogenese: Essai d'une theorie generale des modeles"). W. A. Benjamin, Inc. Originally published in 1972.

Tulving, E. (1972). Episodic and semantic memory. In: Tulving, E., & Donaldson, W. (Eds.), 382-402.

Uhlhaas, P. J., & Singer, W. (2010). Abnormal neural oscillations and synchrony in schizophrenia. Nature reviews neuroscience, 11(2), 100.

Wernicke, C. (2005). An outline of psychiatry in clinical lectures: the lectures of Carl Wernicke (Miller, R., & Dennison, J. Ed.). (Original work published in 1881).

Zeeman, C. (1977). Catastrophe theory: selected papers 1972-1977. Addison-Wesley Pub. Co.

10. 精神病理學的新框架

Andreasen, N. C. (1979). Thought, language, and communication disorders: II. Diagnostic significance. Archives of general Psychiatry, 36(12), 1325-1330.

Baron-Cohen, S., Leslie, A. M., & Frith, U. (1985). Does the autistic child have a "theory of mind"? Cognition, 21(1), 37-46.

Blackmore, S. (1999). The meme machine. Oxford, UK: Oxford University Press.

Borsboom, D. (2017). A network theory of mental disorders. World Psychiatry. 2017 Feb; 16(1): 5–13.

Buckner, R. L., Andrews-Hanne, J. R., & Schacter, D. L. (2008). The brain's default network: anatomy, function, and relevance to disease. Annals of the New York Academy of Sciences, 1124, 1-38.

Chaika, E. (1995). On analyzing schizophrenic speech: what model should we use? In Sims, A. (Ed). Speech and language disorders in psychiatry. The Royal College of Psychiatrists.

Chen, E. Y. H. (1994). A neural network model of cortical information processing in schizophrenia. I: Interaction between biological and social factors in symptom formation. The Canadian Journal of Psychiatry, 39(8): 362-367.

Chen, E. Y. H. (1995). A neural network model of cortical information processing in schizophrenia. II: role of hippocampal-cortical interaction: a review and a model. The Canadian Journal of Psychiatry, 40(1): 21-26.

Crow, T. J. (1980). Molecular pathology of schizophrenia: More than one disease process? British Journal of Medical Psychology, 280, 66-68.

Crow, T. J. (1982). Two syndromes in schizophrenia? Trends in Neurosciences, 5, 351-354.

Dawkins, R. (1976). The selfish gene. New York: Oxford University Press.

Eichenbaum, H., Schoenbaum, G., Young, B., & Bunsey, M. (1996). Functional organization of the hippocampal memory system. Proceedings of the National Academy of Sciences of the USA, 93(24), 13500-13507.

Feinberg, T. E., Schindler, R. J., Flanagan, N. G., & Haber, L. D. (1992). Two alien hand syndromes. Neurology, 42(1), 19-19.

Fish, F. J., & Hamilton, M. (1985). Fish's clinical psychopathology: signs and symptoms in psychiatry (2nd ed.). Bristol, UK: Wright.

Frau, R., Orrù, M., Puligheddu, M., et al. (2008) Sleep deprivation disrupts prepulse inhibition of the startle reflex: Reversal by antipsychotic drugs. Internal Journal of Neuropsychopharmacology, 11, 947–955.

Frith, C. D. (2004). Schizophrenia and theory of mind. Psychological medicine, 34(3), 385-389.

Frith, C. D., & Corcoran, R. (1996). Exploring 'theory of mind' in people with schizophrenia. Psychological medicine, 26(3), 521-530.

Frith, C. D., & Done, D. J. (1989). Experiences of alien control in schizophrenia reflect a disorder in the central monitoring of action. Psychological medicine, 19(2), 359-363.

Goldberg, G. (1985). Supplementary motor area structure and function: review and hypotheses. Behavioral and brain Sciences, 8(4), 567-588.

Graesser, A. C., Bowers, C., Olde, B., & Pomeroy, V. (1999). Who said what? Source memory for narrator and character agents in literary short stories. Journal of educational psychology, 91(2), 284.

Green, M. J., & Philips, M. L. (2004). Social threat perception and the evolution of paranoia. Neuroscience and Biobehavioral Reviews, 28, 333-342.

Harpending, H., & Cochran, G. (2009) The 10,000 year explosion. Basic Books.

Haselton, M. G., Nettle, D., & Murray, D. R. (2016). The evolution of cognitive bias. In D. M. Buss (Ed.), The handbook of evolutionary psychology: Integrations (pp. 968–987). John Wiley & Sons, Inc..

Haslam, N. (2006). Dehumanization: An integrative review. Personality and social psychology review, 10(3), 252-264.

Hensch, T. K. (2005). Critical period plasticity in local cortical circuits. Nature Reviews Neuroscience, 6(11), 877-888.

Hermans, H. J. M., & Kempen, H. J. G. (1993). The dialogical self: meaning as movement. San Diego: Academic Press.

Hermans, H. J., & Dimaggio, G. (2007). Self, identity, and globalization in times of uncertainty: A dialogical analysis. Review of general psychology, 11(1), 31.

Hoffman, R. E., & McGlashan, T. H. (1993). Parallel distributed processing and the emergence of schizophrenic symptoms. Schizophrenia Bulletin, 19(1), 119-140.

Humphrey, N. (1986) The Inner Eye. London: Faber and Faber.

Jackson, J. H. (1932). Selected Writings of John Hughlings Jackson (Taylor, J. Ed.). London, UK: Hodder and Stoughton.

Jaspers, K. (1963). General Psychopathology (Hoenig, J., & Hamilton, M. W., Trans.). Manchester, UK: Manchester University Press. (Original work published in 1913).

Jones, S. R., & Fernyhough, C. (2007). Neural correlates of inner speech and auditory verbal hallucinations: a critical review and theoretical integration. Clinical psychology review, 27(2), 140-154.

Keysar, B., Lin, S., & Barr, D. J. (2003). Limits on theory of mind use in adults. Cognition, 89(1), 25-41.

Lewis, M. D. (2002). The dialogical brain: Contributions of emotional neurobiology to understanding the dialogical self. Theory & Psychology, 12(2), 175-190.

Lhermitte, F. (1986). Human autonomy and the frontal lobes. Part II: patient behavior in complex and social situations: the "environmental dependency syndrome". Annals of neurology, 19(4), 335-343.

Longenecker, J., Hui, C., Chen, E. Y. H., & Elvevag, B. (2016). Concepts of "self" in delusion resolution. Schizophrenia Research Cognition, 3, 8-10.

McGlashan T. H., & Hoffman, R. E. (2000). Schizophrenia as a disorder of developmentally reduced synaptic connectivity. Archives of General Psychiatry, 57, 637–648.

McGuire, P. K., David, A. S., Murray, R. M., Frackowiak, R. S. J., Frith, C. D., Wright, I., & Silbersweig, D. A. (1995). Abnormal monitoring of inner speech: a physiological basis for auditory hallucinations. The Lancet, 346(8975), 596-600.

McGuire, P. K., Silbersweig, D. A., Wright, I., Murray, R. M., Frackowiak, R. S., & Frith, C. D. (1996). The neural correlates of inner speech and auditory verbal imagery in schizophrenia: relationship to auditory verbal hallucinations. The British Journal of Psychiatry, 169(2), 148-159.

Miller, R. (2008). A neurodynamic theory of schizophrenia and related disorders.

Moscovitch M. (1995). "Confabulation". In (Eds. Schacter D.L., Coyle J.T., Fischbach G.D., Mesulum M.M. & Sullivan L.G.), Memory Distortion. pp. 226–51. Cambridge, Massachusetts: Harvard University Press.

Murray, J. D., Anticevic, A., Gancsos, M., Ichinose, M., Corlett, P. R., Krystal, J. H., &

Northoff, G., Heinzel, A., De Greck, M., Bermpohl, F., Dobrowolny, H., &

Panksepp, J. (2006). Self-referential processing in our brain—a meta-analysis of imaging studies on the self. Neuroimage, 31(1), 440-457.

Petrovsky, N., Ettinger, U., Hill, A., Frenzel, L., Meyhofer, I., Wagner, M., ... , & Kumari, V. (2014). Sleep deprivation disrupts prepulse inhibition and induces psychosis-like symptoms in healthy humans. The Journal of Neuroscience, 34(27), 9134-9140.

Phillips, W. A., & Silverstein, S. M. (2003). Convergence of biological and psychological perspectives on cognitive coordination in schizophrenia. Behavioral and Brain Sciences, 26(1), 65-82.

Piaget J., & Inhelder, B. (1969). The psychology of the child (Weaver, H. Trans).

Rolls, E. T. (1989). Parallel distributed processing in the brain: implication of the functional architecture of neuronal networks in the hippocampus. In Morris, R. G. M. (Ed.), Parallel distributed processing: Implications for Psychology and Neurobiology (p. 286-308). Oxford: Clarendon Press.

Rumelhart, D. E., McClelland, J. L., & PDP Research Group. (1987). Parallel distributed processing. Cambridge, Massachusetts: MIT Press.

Samuels, A. (1985). Jung and the post-Jungians. Routledge & Kegan Paul Inc.

Scheneider, K. (1959). Clinical psychopathology. New York: Grune and Stratton.

Senkfor, A. J., & Van Petten, C. (1998). Who said what? An event-related potential investigation of source and item memory. Journal of Experimental Psychology: Learning, Memory, and Cognition, 24(4), 1005.

Serrano-Pedraza, I., Romero-Ferreiro, V., Read, J. C., Diéguez-Risco, T., Bagney, A., Caballero-González, M., ... & Rodriguez-Jimenez, R. (2014). Reduced visual surround suppression in schizophrenia shown by measuring contrast detection thresholds. Frontiers in psychology, 5, 1431.

Sherman, J. W., Macrae, C. N., & Bodenhausen, G. V. (2011). Attention and Stereotyping: Cognitive Constraints on the Construction of Meaningful Social Impressions. European Review of Social Psychology, 11(1), 145-175.

Silverstein, S. M., & Keane, B. P. (2011). Perceptual organization impairment in schizophrenia and associated brain mechanisms: review of research from 2005 to 2010. Schizophrenia bulletin, 37(4), 690-699.

Singer, W. (2000). Phenomenal awareness and consciousness from a neurobiological perspective. Neural correlates of consciousness: Empirical and conceptual questions, 121-137.

Smolensky, P. (1995). On the Proper Treatment of Connectionism. In MacDonald, C. & MacDonald, G. (1995). Connectionism: Debates on Psychological Explanation. Oxford: Blackwell Publishers.

Thom, R. (1975). Structural stability and morphogenesis: an outline of a general theory of models (Fowler, D. H. Trans.) ("Stabilite strcuturelle et morphogenese: Essai d'une theorie generale des modeles"). W. A. Benjamin, Inc. Originally published in 1972.

Tulving, E. (1972). Episodic and semantic memory. In: Tulving, E., & Donaldson, W. (Eds.), 382-402.

Uhlhaas, P. J., & Singer, W. (2010). Abnormal neural oscillations and synchrony in schizophrenia. Nature reviews neuroscience, 11(2), 100.

Wernicke, C. (2005). An outline of psychiatry in clinical lectures: the lectures of Carl Wernicke (Miller, R., & Dennison, J. Ed.). (Original work published in 1881).

Zeeman, C. (1977). Catastrophe theory: selected papers 1972-1977. Addison-Wesley Pub. Co.

責任編輯：羅國洪
文稿編輯：陸志文

心靈健康與精神病理的新科學：同理表徵論初探

陳友凱　著

出　　版：匯智出版有限公司
香港九龍尖沙咀赫德道2A首邦行8樓803室
電話：2390 0605　　傳真：2142 3161
網址：http://www.ip.com.hk

發　　行：聯合新零售（香港）有限公司
香港新界荃灣德士古道220-248號荃灣工業中心16樓
電話：2150 2100　　傳真：2407 3062

印　　刷：陽光（彩美）印刷有限公司

版　　次：2023年6月初版

國際書號：978-988-76911-8-1

版權所有 · 翻印必究